丘区农业绿色高效节水技术与装备四川省重点实验室

农作物碳吸收模型体系的
构建与应用

—— 顾 问 ——

陈新平　刘永红

—— 著 ——

王　谢　姚兴柱　陈冠陶
唐祺超　罗永霞　李　芹

四川科学技术出版社
·成都·

图书在版编目（CIP）数据

农作物碳吸收模型体系的构建与应用 / 王谢等著.
成都：四川科学技术出版社，2025.8. -- ISBN 978-7
-5727-1844-1

Ⅰ.S5

中国国家版本馆CIP数据核字第2025S86D36号

农作物碳吸收模型体系的构建与应用
NONGZUOWU TANXISHOU MOXING TIXI DE GOUJIAN YU YINGYONG

著者　王谢　姚兴柱　陈冠陶　唐祺超　罗永霞　李芹

出 品 人　程佳月
策划编辑　何晓霞
责任编辑　胡小华
责任出版　欧晓春
出版发行　四川科学技术出版社
　　　　　成都市锦江区三色路238号　邮政编码 610023
　　　　　官方微信公众号 sckjcbs
　　　　　传真 028-86361756
成品尺寸　145 mm × 210 mm
印　　张　4.75
字　　数　100 千
印　　刷　雅艺云印（成都）科技有限公司
版　　次　2025年8月第1版
印　　次　2025年8月第1次印刷
定　　价　50.00元

ISBN 978-7-5727-1844-1

邮　　购：成都市锦江区三色路238号新华之星A座25层　邮政编码：610023
电　　话：028-86361770

在全球气候变化的严峻挑战下，生态系统的固碳增汇功能作为缓解碳排放、应对气候变化的重要策略，正日益受到国际社会的广泛关注。农作物作为地球上面积广泛的植被类型，其碳汇功能不容忽视。通过精确估算农作物的碳储量，可以为全球碳循环研究和气候变化应对策略提供关键数据支持。同时，基于对农作物碳汇功能的认识，政府可以制定更加科学合理的农业政策和碳补偿机制，以此鼓励农民采用低碳、高效的耕作方式，提高农田生态系统的碳汇能力。本书聚焦于农作物植被碳储量的估算，不仅具有重要的学术价值，而且对指导实践、推动可持续发展也具有深远意义。

在农作物植被碳储量估算方面，基于统计资料的参数估算法是常用方法之一。参数估算法操作简便、成本低廉，被广泛应用于农作物植被碳储量的估算中，其中碳吸收总量即为该过程中整株碳素的储存总量。本书聚焦于多种农作物的碳吸收模型，内容涵盖粮食作物、经济作物、饲草作物以及其他作物等四大篇章。在每一篇章中，又针对不同的作物种类进行了详细的阐述，包括水稻、小麦、玉米、豆类、薯类等粮食作物，棉花、花生、油菜、麻类、甘蔗、烟草、茶叶、桑树等经济作物，以及饲草作物和蔬菜、水果等其他作物。这种全面而细致的分类，使得读者可以根据自己的需求和兴趣，快速找到所需的内容，深入了解各类农作物在碳吸收方面的特点和规律。

在具体的内容上，本书以大量的实验数据和科学研究为基础，详细介绍了每种农作物碳吸收模型的构建过程。以水稻碳吸收模型为例，本书首先明确了评价基准，选取了四川主推品种"宜香优2115"作为水稻特性评价的基准品种，并以2019年的产量数据为基准进行碳储量估算。接着，详细阐述了关键指标如鲜重、干重、植被碳储量、碳吸收总量、碳吸收强度等，这些指标的确定为后续模型的构建提供了重要的依据。同时，还深入分析了关键系数，包括经济系数、含水量、碳含量、根冠比、碳经济效应等，这些系数的准确把握是模型构建的关键环节。在此基础上，本书通过一系列严谨的公式和计算方法，构建了水稻各组织干重、鲜重、碳储量及碳吸收强度和碳经济效应的计算模型，并展示了如何在实际应用中利用这些模型进行水稻碳吸收能力的评估。

本书的最大特点在于其科学性、系统性和实用性。科学性体现在书中所涉及的研究方法和数据均来自大量的科学实验和实地观测，确保了内容的准确性和可靠性；系统性则表现在全书结构清晰、逻辑严谨，从不同农作物的分类到具体模型的构建和应用，层层递进，使读者能够全面深入地理解农作物碳吸收模型的内涵和外延；实用性方面，本书不仅提供了详细的理论模型，还通过实际案例和数据展示了这些模型在生产实践中的应用，为农业生产者、科研人员及相关政策制定者提供了极具价值的参考和指导。

本书设计的计算逻辑和表格具有一定的通用性，每种农作物采取一组经验参数进行举例，便于读者理解和应用。在实际估算中，同类农作物不同品种可能因为叶片光合利用效率不同导致植株生物量、产量存在明显的差异，进而产生不同的碳经济效应系数。未来，为了实现更准确、更翔实的碳储量估算，应当充分考虑品种差异，结合实测数据探索品种间固碳能力的规律，并在快速评估时引入适当的转换系数，以提高估算的科学性和精准性。

鉴于撰写时间和作者水平有限，本书中难免存在疏漏之处，还需要在实践中不断检验和改进，敬请广大读者提出意见和建议，以便进一步修改和完善，使其为探索农田生态系统碳汇功能起到积极作用。

目 录

MULU

第一部分　粮食作物篇

第二部分　经济作物篇

第三部分　饲草作物篇

第四部分　其他作物篇

粮食作物篇

第一章 水稻碳吸收模型

一、评价基准

品种基准：水稻（*Oryza sativa* L.），禾本科稻属一年生水生草本，秆直立，株高随品种而异，0.5～1.5 米。本书以四川主推品种"宜香优 2115"为基准进行水稻特性评价。该品种为籼型三系杂交水稻品种，2012 年 12 月 24 日通过国家农作物品种审定，审定编号为：国审稻 2012003，全生育期 156.7 天，平均亩[①]产量达 623.3 千克，株高 117.4 厘米，穗长 26.8 厘米，每穗总粒数 156.5 粒，结实率 82.2%，千粒重 32.9 克。秧田亩播种量 10 千克，宽窄行栽插，亩栽 1.2 万～1.5 万穴，基本苗 10 万株左右。

产量基准：本书以 2019 年的产量数据为基准，参考部分实测数据进行碳储量的估算。根据国家统计局制定的《农林牧

---

① 1 亩 =1/15 公顷。

渔业统计报表制度（2020）》对调查方法的定义，谷物产量以脱粒后的原粮计算。其中，脱粒是指把农作物（水稻）的籽粒（稻谷）从谷穗中脱离出来，脱粒后谷穗作为稻草的一部分参与计算。晒干后的水稻原粮依然保持一定的水分。

二、关键指标

鲜重： ①水稻地上部鲜重（FA），水稻收获时植株地上部分在自然状态下的质量，包括稻谷鲜重和稻草鲜重，单位为万吨。②稻谷鲜重（FE），水稻脱粒后，稻谷未经加工、晒干等任何处理的自然状态下的质量，单位为万吨。③稻草鲜重（FAN），水稻脱粒后剩下的谷穗、稻草未经加工、晒干等任何处理的自然状态下的质量，单位为万吨。④水稻地下部鲜重（FU），水稻收获时根系在自然状态下的质量，单位为万吨。

水稻（原粮）产量（EY）： 水稻产量，是指稻谷晒干按标准水含量计算的稻谷质量。单位为万吨。

干重： 指植物组织除去自由水以后的质量，一般为植物组织经105℃杀青、75℃下烘干至恒定的质量。单位为万吨。包括植株总干重（TD）、稻谷干重（DE）、稻草干重（DAN）、地上部干重（DA）和地下部（根系）干重（DU）。

单位面积生物量（UD）： 植株总干重（TD）与种植面积之比。单位为吨/公顷。

植被碳储量： 水稻在生长发育过程中通过固定大气中游离的二氧化碳，将大气中的碳转化为有机物储存在植株内，植被碳储量即为该过程中植株内碳素的储存量。单位为万吨。收获时碳吸收模型包括4个碳储量相关指标，分别为稻谷碳储量

（CE）、稻草碳储量（CAN）、地上部碳储量（CA）、地下部
（根系）碳储量（CU）。

水稻碳吸收总量（整株碳储量，TC）：水稻在生长过程中
将游离的二氧化碳转化为有机物储存在植株内，碳吸收总量
即为该过程中整株碳素的储存总量。单位为万吨。

碳吸收强度（UC）：水稻收获时，单位面积水稻植株的碳
固定量。单位为吨 / 公顷。

碳经济效应（EE）：生产单位质量水稻原粮可固定的碳量。

三、关键系数

经济系数（REA）：也称为收获指数，指经济产量与生物
产量的比值。此处经济产量为稻谷干重，生物产量为水稻植株
地上部干重。水稻的经济系数通常为 0.3 ~ 0.5，无实测值时，
可取值 0.45［根据谢婷等（2021）的研究数据确定］。

含水量：指水稻组织中水分质量占总质量的百分比，以鲜
重为基数表示。水稻籽粒部分收获、脱粒后，需进行晾晒，控
制种子内的水分以便于保存。稻谷晒干后仍含有一定水分，
因此，稻谷含水量包括新鲜稻谷含水量和晒干稻谷含水量两个
参数。

新鲜组织含水量（W）：指水稻收获时，将植株分为稻
谷、稻草、根系 3 个部分，各部分在未经任何加工处理的
自然状态下的含水量。其中，新鲜稻谷含水量（W_1），无
实测值时，可取值 20%；新鲜稻草含水量（W_2），无实测
时，可取值 60%；新鲜根系含水量（W_3），无实测值时，可
取值 80%。

晒干稻谷含水量（WE）：指水稻脱粒，稻谷经晾晒处理后

的水分含量，无实测值时，可取值 12%。

碳含量：指碳素占植株 / 某组织的质量百分比，用以衡量作物吸收固定二氧化碳的能力。稻谷碳含量（CCE），无实测值时，可取值 44.26%；稻草碳含量（CCAN），无实测值时，可取值 43.90%；根系碳含量（CCU），无实测值时，可取值 43.21%〔根据田莉（2013）的研究数据确定〕。

根冠比（RUA）：水稻收获时，地下部与地上部干物重的比值，可取值 0.125。

四、模型构建

水稻碳吸收模型构建的技术路线图见图 1。

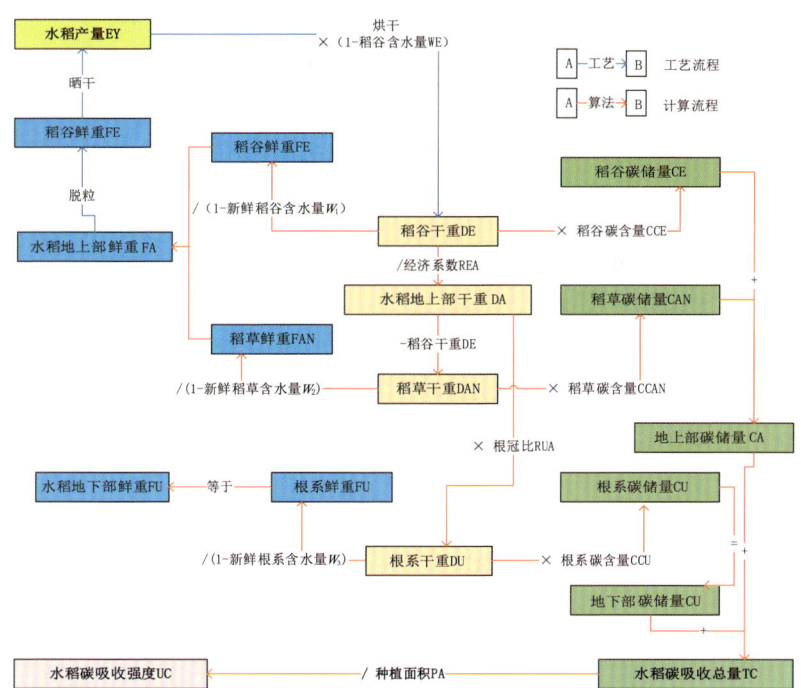

图 1 水稻碳吸收模型构建技术路线图

（一）水稻各组织干重的计算

$$DE=EY \times （1-WE）\qquad 公式1-1$$

$$DA=DE \div REA \qquad 公式1-2$$

$$DAN=DA-DE \qquad 公式1-3$$

$$DU=DA \times RUA \qquad 公式1-4$$

$$TD=DA+DU \qquad 公式1-5$$

$$UD=TD \div PA \qquad 公式1-6$$

式中，DE 表示稻谷干重；EY 表示水稻原粮（晒干稻谷）产量；WE 表示晒干稻谷含水量；DA 表示植株地上部干重；REA 表示经济系数；DAN 表示稻草干重；DU 表示植株地下部干重；RUA 表示植株根冠比；TD 表示植株总干重；UD 表示单位面积生物量；PA 表示水稻种植面积。

（二）水稻各组织鲜重的计算

$$FE=DE \div （1-W_1）\qquad 公式1-7$$

$$FAN=DAN \div （1-W_2）\qquad 公式1-8$$

$$FA=FE+FAN \qquad 公式1-9$$

$$FU=DU \div （1-W_3）\qquad 公式1-10$$

式中，FE 表示稻谷鲜重；DE 表示稻谷干重；W_1 表示新鲜稻谷含水量；FAN 表示稻草鲜重；DAN 表示稻草干重；W_2 表示新鲜稻草含水量；FA 表示水稻植株地上部鲜重；FU 表示水稻植株地下部鲜重；DU 表示植株地下部干重；W_3 表示新鲜根系含水量。

（三）水稻各组织碳储量的计算

$$CE = DE \times CCE \qquad \text{公式 1-11}$$

$$CAN = DAN \times CCAN \qquad \text{公式 1-12}$$

$$CA = CE + CAN \qquad \text{公式 1-13}$$

$$CU = DU \times CCU \qquad \text{公式 1-14}$$

$$TC = CA + CU \qquad \text{公式 1-15}$$

式中，CE 表示稻谷碳储量；DE 表示稻谷干重；CCE 表示稻谷碳含量；CAN 表示稻草碳储量；DAN 表示稻草干重；CCAN 表示稻草碳含量；CA 表示地上部碳储量；CU 表示地下部碳储量；DU 表示植株地下部干重；CCU 表示根系碳含量；TC 表示植株碳吸收总量。

（四）碳吸收强度和碳经济效应的计算

$$UC = TC \div PA \qquad \text{公式 1-16}$$

$$EE = TC \div EY \qquad \text{公式 1-17}$$

式中，UC 表示水稻植株碳吸收强度；TC 表示水稻植株碳吸收总量；PA 表示水稻种植面积；EE 表示碳经济效应；EY 表示水稻原粮（晒干稻谷）产量。

五、模型应用

根据碳经济效应（EE）的定义及表 1 计算模型，水稻植株碳储量与稻谷产量之间存在特定的数量关系，在没有取得生物量、含水量、碳含量等相关实测数据的情况下，依据该系数可快速评估水稻碳吸收能力，由公式 TC=EY×0.967 3 计算得出。

表 1 水稻碳吸收能力计算模型（Excel 公式版）

列号	指标	单位	缩写	计算公式	值
（一）基础数据					
列 A	地区	—	—	—	四川
列 B	年份	—	—	—	2019
列 C	稻谷（晒干稻谷）产量	万吨	EY	已知	1 469.823 3
列 D	播种面积	万公顷	PA	已知	186.999 9
（二）参数确定					
列 E	新鲜稻谷含水量	%	W_1	经验值 / 实测数据	20.000 0
列 F	新鲜稻草含水量	%	W_2	经验值 / 实测数据	60.000 0
列 G	新鲜根系含水量	%	W_3	经验值 / 实测数据	80.000 0
列 H	晒干稻谷含水量	%	WE	经验值 / 实测数据	12.000 0
列 I	稻谷碳含量	%	CCE	经验值 / 实测数据	44.260 0
列 J	稻草碳含量	%	CCAN	经验值 / 实测数据	43.900 0
列 K	根系碳含量	%	CCU	经验值 / 实测数据	43.210 0
列 L	经济系数	—	REA	经验值 / 实测数据	0.450 0
列 M	根冠比	—	RUA	经验值 / 实测数据	0.125 0
（三）过程计算					
列 N	稻谷鲜重	万吨	FE	DE ÷（$1-W_1$）	1 616.805 6
列 O	稻草鲜重	万吨	FAN	DAN ÷（$1-W_2$）	3 952.191 5

续表

列号	指标	单位	缩写	计算公式	值
列 P	地上部鲜重	万吨	FA	FE+FAN	5 568.997 2
列 Q	地下部鲜重	万吨	FU	$DU \div (1-W_3)$	898.225 4
列 R	稻谷干重	万吨	DE	$EY \times (1-WE)$	1 293.444 5
列 S	稻草干重	万吨	DAN	DA−DE	1 580.876 6
列 T	地上部干重	万吨	DA	$DE \div REA$	2 874.321 1
列 U	地下部干重	万吨	DU	$DA \times RUA$	359.290 1
列 V	稻谷碳储量	万吨	CE	$DE \times CCE$	572.478 5
列 W	稻草碳储量	万吨	CAN	$DAN \times CCAN$	694.004 8
列 X	地上部碳储量	万吨	CA	CE+CAN	1 266.483 4
列 Y	地下部碳储量	万吨	CU	$DU \times CCU$	155.249 3
列 Z	植株总干重	万吨	TD	DA+DU	3 233.611 3

（四）估算结果

列 AA	碳吸收总量	万吨	TC	CA+CU	1 421.732 6
列 AB	碳吸收强度	吨 / 公顷	UC	$TC \div PA$	7.602 9

（五）其他参数

列 AC	单位面积生物量	吨 / 公顷	UD	$TD \div PA$	17.292 0
列 AD	碳经济效应	—	EE	$TC \div EY$	0.967 3

注：该表于 Excel 中转置后可用于多区域、多品种、多年份的水稻碳储量估算。

第二章 小麦碳吸收模型

一、评价基准

品种基准： 小麦（*Triticum aestivum* L.），为禾本科小麦属植物，一年生或二年生草本，高 60 ～ 100 厘米，秆直立，通常具 6 ～ 9 节。本书以四川主推品种"川麦 93"为基准进行小麦特性评价，平均亩产 404.9 千克，平均株高 91 厘米，平均亩穗数 21.1 万穗，穗粒数 50.4 粒，千粒重 44.5 克。每亩基本苗 12 万～ 14 万。

产量基准： 本书以 2019 年的产量数据为基准，参考部分实测数据进行碳储量的估算。根据国家统计局制定的《农林牧渔业统计报表制度（2020）》对调查方法的定义，谷物产量以脱粒后的原粮计算。其中，脱粒是指把农作物（小麦）的籽粒（麦粒）从麦穗中脱离出来，脱粒后麦穗作为秸秆的一部分参与计算。晒干后的小麦原粮依然保持一定的水分。

二、关键指标

鲜重： ①小麦地上部鲜重（FA），小麦收获时植株地上部分在自然状态下的质量，包括麦粒鲜重和麦秆鲜重，单位为万吨。②麦粒鲜重（FE），小麦脱粒后，麦粒未经加工、晒干等任何处理的自然状态下的质量，单位为万吨。③麦秆鲜重（FAN），小麦脱粒后剩下的麦穗、麦秆未经加工、晒干等任何处理的自然状态下的质量，单位为万吨。④小麦地下部（根系）鲜重（FU），小麦收获时根系在自然状态下的质量，单位为万吨。

小麦（原粮）产量（EY）： 新鲜麦粒经晒干后的麦粒质量。单位为万吨。

干重： 指植物组织除去自由水以后的质量，一般为植物组织经 105℃ 杀青、75℃ 烘干至恒定的质量。单位为万吨。包括植株总干重（TD）、麦粒干重（DE）、麦秆干重（DAN）、地上部干重（DA）和地下部（根系）干重（DU）。

单位面积生物量（UD）： 植株总干重（TD）与种植面积之比。单位为吨/公顷。

植被碳储量： 小麦在生长发育过程中将游离的二氧化碳转化为有机物储存在植株内，植被碳储量即为该过程中植株内碳素的储存量。单位为万吨。收获时模型包括 4 个碳储量相关指标，分别为麦粒碳储量（CE）、麦秆碳储量（CAN）、地上部碳储量（CA）、地下部碳储量（根系碳储量，CU）。

小麦碳吸收总量（整株碳储量，TC）： 小麦在生长过程中将游离的二氧化碳转化为碳素储存在植株内，碳吸收总量即为整株碳素总储存量。单位为万吨。

碳吸收强度（UC）：小麦收获时，单位面积小麦植株的碳固定量。单位为吨/公顷。

碳经济效应（EE）：生产单位质量小麦原粮可固定的碳量。

三、关键系数

经济系数（REA）：也称收获指数，指经济产量与生物产量的比值。此处经济产量为麦粒干重，生物产量为小麦植株地上部干重。小麦的经济系数通常为 0.4～0.5，无实测值时，可取值 0.434［根据谢婷等（2021）的研究数据确定］。

含水量：指小麦组织中水分质量占总质量的百分比，以鲜重为基数表示。由于小麦籽粒部分收获、脱粒后，需进行晒晒，控制种子内的水分以便于保存，晒干麦粒仍含有一定水分，因此，麦粒含水量包括新鲜麦粒含水量和晒干麦粒含水量两个参数。

新鲜组织含水量：指小麦收获时，将植株分为麦粒、麦秆、根系3个部分，各部分在未经任何加工处理的自然状态下的含水量。其中，新鲜麦粒含水量（W_1），无实测值时，可取值25%；新鲜麦秆含水量（W_2），无实测值时，可取值60%；新鲜根系含水量（W_3），无实测值时，可取值80%。

晒干麦粒含水量（WE）：指小麦脱粒，麦粒经晒晒处理后的水分含量，无实测值时，可取值12%。

碳含量：指碳素占植株/某组织的质量百分比，用以衡量作物吸收固定二氧化碳的能力。麦粒碳含量（CCE），无实测值时，可取值 48.53%；麦秆碳含量（CCAN），无实测值时，可取值 41.45%；根系碳含量（CCU），无实测值时，可取值 30.95%［根据苗惠田（2010）和谢婷等（2021）的研究数据确定］。

根冠比（RUA）：指小麦收获时，地下部与地上部干物重的比值，可取值 0.166。

四、模型构建

小麦碳吸收模型构建的技术路线图见图 2。

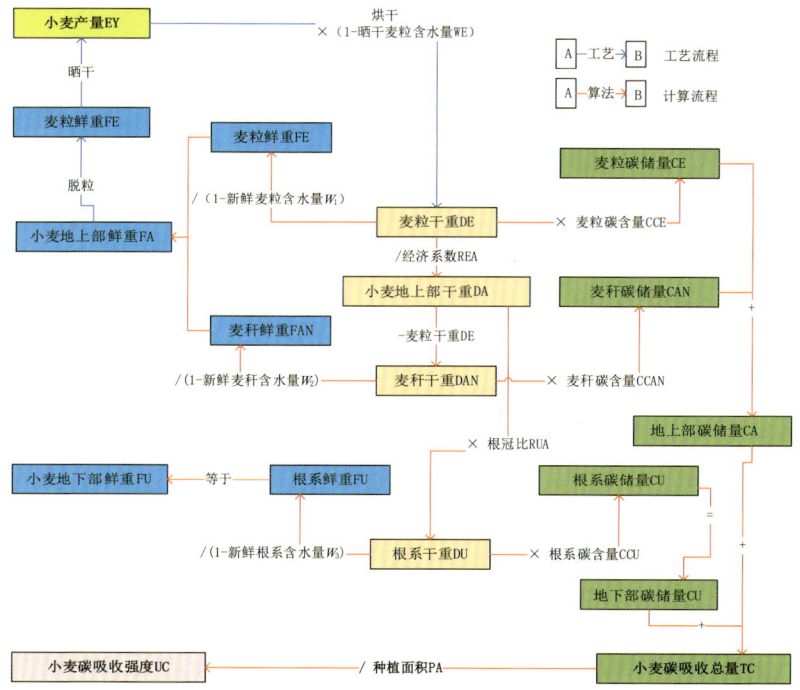

图 2　小麦碳吸收模型构建技术路线图

（一）小麦各组织干重的计算

$$DE=EY \times (1-WE) \qquad 公式2-1$$

$$DA=DE \div REA \qquad 公式2-2$$

$$DAN=DA-DE \qquad 公式2-3$$

$$DU=DA \times RUA \qquad 公式2-4$$

$$TD=DA+DU \qquad 公式2-5$$

$$UD=TD \div PA \qquad 公式2-6$$

式中，DE 表示麦粒干重；EY 表示小麦（原粮）产量；WE 表示晒干麦粒含水量；DA 表示植株地上部干重；REA 表示经济系数；DAN 表示麦秆干重；DU 表示植株地下部干重；RUA 表示植株根冠比；TD 表示植株总干重；UD 表示单位面积生物量；PA 表示小麦种植面积。

（二）小麦各组织鲜重的计算

$$FE=DE \div (1-W_1) \qquad 公式2-7$$

$$FAN=DAN \div (1-W_2) \qquad 公式2-8$$

$$FA=FE+FAN \qquad 公式2-9$$

$$FU=DU \div (1-W_3) \qquad 公式2-10$$

式中，FE 表示麦粒鲜重；DE 表示麦粒干重；W_1 表示新鲜麦粒含水量；FAN 表示麦秆鲜重；DAN 表示麦秆干重；W_2 表示新鲜麦秆含水量；FA 表示小麦植株地上部鲜重；FU 表示小麦植株地下部鲜重；DU 表示植株地下部干重；W_3 表示新鲜根系含水量。

（三）小麦各组织碳储量的计算

$$CE = DE \times CCE \qquad\qquad 公式\ 2\text{--}11$$

$$CAN = DAN \times CCAN \qquad\qquad 公式\ 2\text{--}12$$

$$CA = CE + CAN \qquad\qquad 公式\ 2\text{--}13$$

$$CU = DU \times CCU \qquad\qquad 公式\ 2\text{--}14$$

$$TC = CA + CU \qquad\qquad 公式\ 2\text{--}15$$

式中，CE 表示麦粒碳储量；DE 表示麦粒干重；CCE 表示麦粒碳含量；CAN 表示麦秆碳储量；DAN 表示麦秆干重；$CCAN$ 表示麦秆碳含量；CA 表示地上部碳储量；CU 表示地下部碳储量；DU 表示植株地下部干重；CCU 表示根系碳含量；TC 表示植株碳吸收总量。

（四）碳吸收强度和碳经济效应的计算

$$UC = TC \div PA \qquad\qquad 公式\ 2\text{--}16$$

$$EE = TC \div EY \qquad\qquad 公式\ 2\text{--}17$$

式中，UC 表示小麦植株碳吸收强度；TC 表示小麦植株碳吸收总量；PA 表示小麦种植面积；EE 表示碳经济效应；EY 表示小麦（原粮）产量。

五、模型应用

根据碳经济效应（EE）的定义及表 2 计算模型，小麦植株碳储量与小麦原粮产量之间存在特定的数量关系，在没有取得生物量、含水量、碳含量等相关实测数据的情况下，依据该系数可快速评估小麦碳吸收能力，由公式 $TC = EY \times 1.006\ 9$ 计算得出。

表 2 小麦碳吸收能力计算模型（Excel 公式版）

列号	指标	单位	缩写	计算公式	值
（一）基础数据					
列 A	地区	—	—	—	四川
列 B	年份	—	—	—	2019
列 C	小麦（原粮）产量	万吨	EY	已知	246.178 2
列 D	播种面积	万公顷	PA	已知	61.114 0
（二）参数确定					
列 E	新鲜麦粒含水量	%	W_1	经验值 / 实测数据	25.000 0
列 F	新鲜麦秆含水量	%	W_2	经验值 / 实测数据	60.000 0
列 G	新鲜根系含水量	%	W_3	经验值 / 实测数据	80.000 0
列 H	晒干麦粒含水量	%	WE	经验值 / 实测数据	12.000 0
列 I	麦粒碳含量	%	CCE	经验值 / 实测数据	48.530 0
列 J	麦秆碳含量	%	CCAN	经验值 / 实测数据	41.450 0
列 K	根系碳含量	%	CCU	经验值 / 实测数据	30.950 0
列 L	经济系数	—	REA	经验值 / 实测数据	0.434 0
列 M	根冠比	—	RUA	经验值 / 实测数据	0.166 0
（三）过程计算					
列 N	麦粒鲜重	万吨	FE	DE ÷（1−W_1）	288.849 1
列 O	麦秆鲜重	万吨	FAN	DAN ÷（1−W_2）	706.315 9

续表

列号	指标	单位	缩写	计算公式	值
列P	地上部鲜重	万吨	FA	FE+FAN	995.165 0
列Q	地下部鲜重	万吨	FU	$DU \div (1-W_3)$	414.305 4
列R	麦粒干重	万吨	DE	$EY \times (1-WE)$	216.636 8
列S	麦秆干重	万吨	DAN	DA−DE	282.526 4
列T	地上部干重	万吨	DA	DE÷REA	499.163 2
列U	地下部干重	万吨	DU	$DA \times RUA$	82.861 1
列V	麦粒碳储量	万吨	CE	$DE \times CCE$	105.133 8
列W	麦秆碳储量	万吨	CAN	$DAN \times CCAN$	117.107 2
列X	地上部碳储量	万吨	CA	CE+CAN	222.241 0
列Y	地下部碳储量	万吨	CU	$DU \times CCU$	25.645 5
列Z	植株总干重	万吨	TD	DA+DU	582.024 3
（四）估算结果					
列AA	碳吸收总量	万吨	TC	CA+CU	247.886 5
列AB	碳吸收强度	吨/公顷	UC	TC÷PA	4.056 1
（五）其他参数					
列AC	单位面积生物量	吨/公顷	UD	TD÷PA	9.523 6
列AD	碳经济效应	—	EE	TC÷EY	1.006 9

　　注：该表于 Excel 中转置后可用于多区域、多品种、多年份的小麦碳储量估算。

第三章　玉米碳吸收模型

一、评价基准

　　品种基准：玉米（*Zea mays* L.），是禾本科玉蜀黍属一年生草本植物。秆直立，通常不分枝，高 1～4 米，基部各节具气生支柱根。本书以四川主推品种"川单 189"为基准进行玉米特性评价，平均亩产量达 545.3 千克。其株高 284 厘米，穗位高 121 厘米，成株叶片数 20 片，穗长 18.9 厘米，穗行数 16～18 行，百粒重 33.5 克，每亩适宜密度 3 200～3 500 株。

　　产量基准：本书以 2019 年的产量数据为基准，参考部分实测数据进行碳储量的估算。根据国家统计局制定的《农林牧渔业统计报表制度（2020）》对调查方法的定义，谷物产量以脱粒后的原粮计算。其中，脱粒是指把农作物（玉米）的籽粒（玉米粒）从玉米棒中脱离出来，脱粒后棒芯作为玉米秸秆的一部分参与计算。晒干后的玉米原粮依然保持一定的水分。

二、关键指标

鲜重： ①玉米地上部鲜重（FA），玉米收获时植株地上部分在自然状态下的质量，包括玉米粒鲜重和玉米秆鲜重，单位为万吨。②玉米粒鲜重（FE），玉米脱粒后，玉米粒未经加工、晒干等任何处理的自然状态下的质量，单位为万吨。③玉米秆鲜重（FAN），玉米脱粒后剩下的玉米棒芯、玉米秆未经加工、晒干等任何处理的自然状态下的质量，单位为万吨。④玉米地下部（根系）鲜重（FU），玉米收获时根系在自然状态下的质量，单位为万吨。

玉米（原粮）产量（EY）： 鲜玉米粒经晒干后的玉米粒质量。单位为万吨。

干重： 指植物组织除去自由水以后的质量，一般为植物组织经105℃杀青、75℃烘干至恒定的质量。单位为万吨。包括植株总干重（TD）、玉米粒干重（DE）、玉米秆干重（DAN）、地上部干重（DA）和地下部（根系）干重（DU）。

单位面积生物量（UD）： 植株总干重（TD）与种植面积之比。单位为吨/公顷。

植被碳储量： 玉米在生长发育过程中将游离的二氧化碳固定、转化为有机物储存在植株内，植被碳储量即为该过程中植株内碳素的储存量。单位为万吨。收获时模型包括4个碳储量相关指标，分别为玉米粒碳储量（CE）、玉米秆碳储量（CAN）、地上部碳储量（CA）、地下部碳储量（根系碳储量，CU）。

玉米碳吸收总量（整株碳储量，TC）： 玉米在生长过程中将游离的二氧化碳等温室气体转化为碳素储存在体内，碳吸收总量即为整株碳素总储存量。单位为万吨。

碳吸收强度（UC）：玉米收获时，单位面积玉米植株的碳固定量。单位为吨/公顷。

碳经济效应（EE）：生产单位质量玉米原粮可固定的碳量。

三、关键系数

经济系数（REA）：也称收获指数，指经济产量与生物产量的比值。此处经济产量为玉米粒干重，生物产量为玉米植株地上部干重。玉米的经济系数通常为 0.3～0.5，无实测值时，可取值 0.438［根据谢婷等（2021）的研究数据确定］。

含水量：指玉米组织中水分质量占总质量的百分比，以鲜重为基数表示。由于玉米籽粒部分收获、脱粒后，需进行晾晒，控制种子内的水分以便于保存，晒干玉米粒仍含有一定水分，因此，玉米粒含水量包括新鲜玉米粒含水量和晒干玉米粒含水量两个参数。

新鲜组织含水量：指玉米收获时，将植株分为玉米粒、玉米秆、根系 3 个部分，各部分在未经任何加工处理的自然状态下的含水量。其中，新鲜玉米粒含水量（W_1），无实测值时，可取值 30%；新鲜玉米秆含水量（W_2），无实测值时，可取值 65%；新鲜根系含水量（W_3），无实测值时，可取值 70%。

晒干玉米粒含水量（WE）：指玉米脱粒，玉米粒经晾晒处理后的水分含量，无实测值时，可取值 13%。

碳含量：指碳素占植株/某组织的质量百分比，用以衡量作物吸收固定二氧化碳的能力。玉米粒碳含量（CCE），无实测值时，可取值 47.50%；玉米秆碳含量（CCAN），无实测值时，可取值 44.30%；根系碳含量（CCU），无实测值时，可取值 44.55%〔根据苗惠田（2010）的研究数据确定〕。

根冠比（RUA）：玉米收获时，地下部与地上部干物重的比值，可取值 0.170。

四、模型构建

玉米碳吸收模型构建的技术路线图见图 3。

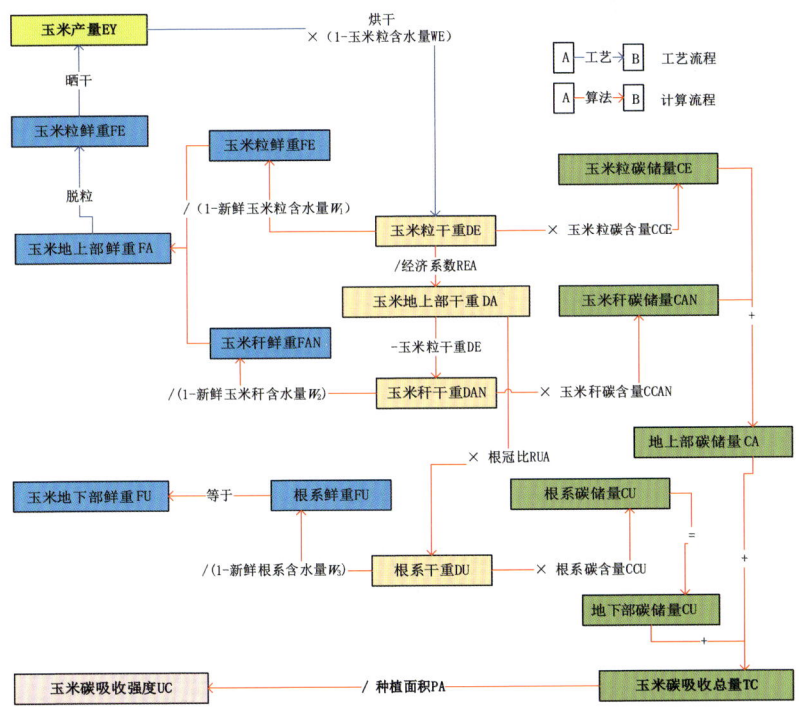

图 3　玉米碳吸收模型构建技术路线图

（一）玉米各组织干重的计算

$$DE=EY \times （1-WE）\qquad 公式\ 3–1$$

$$DA=DE \div REA \qquad 公式\ 3–2$$

$$DAN=DA-DE \qquad 公式\ 3–3$$

$$DU=DA \times RUA \qquad 公式\ 3–4$$

$$TD=DA+DU \qquad 公式\ 3–5$$

$$UD=TD \div PA \qquad 公式\ 3–6$$

式中，DE 表示玉米粒干重；EY 表示玉米（原粮）产量；WE 表示晒干玉米粒含水量；DA 表示植株地上部干重；REA 表示经济系数；DAN 表示玉米秆干重；DU 表示植株地下部干重；RUA 表示植株根冠比；TD 表示植株总干重；UD 表示单位面积生物量；PA 表示玉米种植面积。

（二）玉米各组织鲜重的计算

$$FE=DE \div （1-W_1）\qquad 公式\ 3–7$$

$$FAN=DAN \div （1-W_2）\qquad 公式\ 3–8$$

$$FA=FE+FAN \qquad 公式\ 3–9$$

$$FU=DU \div （1-W_3）\qquad 公式\ 3–10$$

式中，FE 表示玉米粒鲜重；DE 表示玉米粒干重；W_1 表示新鲜玉米粒含水量；FAN 表示玉米秆鲜重；DAN 表示玉米秆干重；W_2 表示新鲜玉米秆含水量；FA 表示玉米植株地上部鲜重；FU 表示玉米植株地下部鲜重；DU 表示植株地下部干重；W_3 表示新鲜根系含水量。

（三）玉米各组织碳储量的计算

$$CE=DE \times CCE \qquad 公式 3-11$$

$$CAN=DAN \times CCAN \qquad 公式 3-12$$

$$CA=CE+CAN \qquad 公式 3-13$$

$$CU=DU \times CCU \qquad 公式 3-14$$

$$TC=CA+CU \qquad 公式 3-15$$

式中，CE 表示玉米粒碳储量；DE 表示玉米粒干重；CCE 表示玉米粒碳含量；CAN 表示玉米秆碳储量；DAN 表示玉米秆干重；CCAN 表示玉米秆碳含量；CA 表示地上部碳储量；CU 表示地下部碳储量；DU 表示植株地下部干重；CCU 表示根系碳含量；TC 表示植株碳吸收总量。

（四）碳吸收强度和碳经济效应的计算

$$UC=TC \div PA \qquad 公式 3-16$$

$$EE=TC \div EY \qquad 公式 3-17$$

式中，UC 表示玉米植株碳吸收强度；TC 表示玉米植株碳吸收总量；PA 表示玉米种植面积；EE 表示碳经济效应；EY 表示玉米（原粮）产量。

五、模型应用

根据碳经济效应（EE）的定义及表 3 计算模型，玉米植株碳储量与原粮产量之间存在特定的数量关系，在没有取得生物量、含水量、碳含量等相关实测数据的情况下，依据该系数可快速评估玉米碳吸收能力，由公式 TC=EY×1.058 2 计算得出。

表 3　玉米碳吸收能力计算模型（Excel 公式版）

列号	指标	单位	缩写	计算公式	值
（一）基础数据					
列A	地区	—	—	—	四川
列B	年份	—	—	—	2019
列C	玉米（原料）产量	万吨	EY	已知	1 062.152 9
列D	播种面积	万公顷	PA	已知	184.4
（二）参数确定					
列E	新鲜玉米粒含水量	%	W_1	经验值/实测数据	30.000 0
列F	新鲜玉米秆含水量	%	W_2	经验值/实测数据	65.000 0
列G	新鲜根系含水量	%	W_3	经验值/实测数据	70.000 0
列H	晒干玉米粒含水量	%	WE	经验值/实测数据	13.000 0
列I	玉米粒碳含量	%	CCE	经验值/实测数据	47.500 0
列J	玉米秆碳含量	%	CCAN	经验值/实测数据	44.300 0
列K	根系碳含量	%	CCU	经验值/实测数据	44.550 0
列L	经济系数	—	REA	经验值/实测数据	0.438 0
列M	根冠比	—	RUA	经验值/实测数据	0.170 0
（三）过程计算					
列N	玉米粒鲜重	万吨	FE	DE÷（1−W_1）	1 320.104 3
列O	玉米秆鲜重	万吨	FAN	DAN÷（1−W_2）	3 387.665 0

续表

列号	指标	单位	缩写	计算公式	值
列P	地上部鲜重	万吨	FA	FE+FAN	4 707.769 3
列Q	地下部鲜重	万吨	FU	DU ÷（1−W_3）	1 195.528 3
列R	玉米粒干重	万吨	DE	EY ×（1−WE）	924.073 0
列S	玉米秆干重	万吨	DAN	DA−DE	1 185.682 7
列T	地上部干重	万吨	DA	DE ÷ REA	2 109.755 8
列U	地下部干重	万吨	DU	DA × RUA	358.658 5
列V	玉米粒碳储量	万吨	CE	DE × CCE	438.934 7
列W	玉米秆碳储量	万吨	CAN	DAN × CCAN	525.257 5
列X	地上部碳储量	万吨	CA	CE+CAN	964.192 1
列Y	地下部碳储量	万吨	CU	DU × CCU	159.782 4
列Z	植株总干重	万吨	TD	DA+DU	2 468.414 2
（四）估算结果					
列AA	碳吸收总量	万吨	TC	CA+CU	1 123.974 5
列AB	碳吸收强度	吨/公顷	UC	TC ÷ PA	6.108 5
（五）其他参数					
列AC	单位面积生物量	吨/公顷	UD	TD ÷ PA	13.386 2
列AD	碳经济效应	—	EE	TC ÷ EY	1.058 2

注：该表于 Excel 中转置后可用于多区域、多品种、多年份的玉米碳储量估算。

第四章 豆类碳吸收模型

一、评价基准

品种基准： 豆类泛指所有能产生豆荚的豆科植物，是以食用其种子及制成品为主的一类豆科植物，包括大豆、绿豆、红小豆、杂豆等。豆科植物根系发达，呈圆锥状，有主根和侧根。本书以四川主推大豆品种"南夏豆25"为基准进行豆类特性评价，该品种平均亩产量达123.16千克。株高平均67.5厘米，主茎节数14.5个，株分枝3.5个，株荚数42.4个，株粒数70.5粒，每荚粒数1.7粒，株粒重16.3克。百粒重24.9克，完全粒率95.5%。亩植0.8万~1.0万株。

产量基准： 本书以2019年的产量数据为基准，参考部分实测数据进行碳储量的估算。根据国家统计局制定的《农林牧渔业统计报表制度（2020）》对调查方法的定义，豆类产量按去豆荚后的干豆计算。豆荚作为豆秆的一部分参与计算。去豆荚、晒干后的豆粒依然保持一定水分。

二、关键指标

鲜重：①豆类地上部鲜重（FA），豆类收获时植株地上部分在自然状态下的质量，包括豆粒鲜重和豆秆鲜重，单位为万吨。②豆粒鲜重（FE），豆类脱粒后，豆粒未经加工、晒干等任何处理的自然状态下的质量，单位为万吨。③豆秆鲜重（FAN），豆类脱粒后剩下的豆荚、豆秆未经加工、晒干等任何处理的自然状态下的质量，单位为万吨。④豆类地下部（根系）鲜重（FU），豆类收获时根系在自然状态下的质量，单位为万吨。

豆粒产量（EY）：鲜豆粒经晒干后的豆粒质量。单位为万吨。

干重：指植物组织除去自由水以后的质量，一般为植物组织经105℃杀青、75℃烘干至恒定的质量。单位为万吨。包括植株总干重（TD）、豆粒干重（DE）、豆秆干重（DAN）、地上部干重（DA）和地下部（根系）干重（DU）。

单位面积生物量（UD）：植株总干重（TD）与种植面积之比。单位为吨/公顷。

植被碳储量：豆类在生长发育过程中将游离的二氧化碳固定、转化为有机物储存在植株内，植被碳储量即为该过程中植株内碳素的储存量。单位为万吨。收获时模型包括4个碳储量相关指标，分别为豆粒碳储量（CE）、豆秆碳储量（CAN）、地上部碳储量（CA）、地下部碳储量（根系碳储量，CU）。

豆类碳吸收总量（整株碳储量，TC）：豆类在生长过程中将游离的二氧化碳转化为碳素储存在体内，碳吸收总量即为整株碳素总储存量。单位为万吨。

碳吸收强度（UC）： 豆类收获时，单位面积豆类植株的碳固定量。单位为吨 / 公顷。

碳经济效应（EE）： 生产单位质量豆粒可固定的碳量。

三、关键系数

经济系数（REA）： 也称收获指数，指经济产量与生物产量的比值。此处经济产量为豆粒干重，生物产量为豆类植株地上部干重。豆类的经济系数通常为 0.25 ~ 0.45，无实测值时，可取值 0.35〔根据谢婷等（2021）的研究数据确定〕。

含水量： 豆类组织中水分质量占总质量的百分比，以鲜重为基数表示。由于豆类收获、脱粒后，需进行晾晒，控制种子内的水分以便于保存，晒干豆粒仍含有一定的水分，因此，豆粒含水量包括新鲜豆粒含水量和晒干豆粒含水量两个参数。

新鲜组织含水量： 指豆类收获时，将植株分为豆粒、豆秆、根系 3 个部分，各部分在未经任何加工处理的自然状态下的含水量。其中，新鲜豆粒含水量（W_1），无实测值时，可取值 20%；新鲜豆秆含水量（W_2），无实测值时，可取值 65%；新鲜根系含水量（W_3），无实测值时，可取值 85%。

晒干豆粒含水量（WE）： 指豆类脱粒，豆粒经晾晒处理后的水分含量，无实测值时，可取值 13%。

碳含量： 指碳素占植株 / 某组织的质量百分比，用以衡量作物吸收固定二氧化碳的能力。豆粒碳含量（CCE），无实测值时，可取值 42.50%；豆秆碳含量（CCAN），无实测值时，可取值 39.83%；根系碳含量（CCU），无实测值时，可取值 40.00%。

　　根冠比（RUA）：豆类收获时，地下部与地上部干物重的比值，可取值 0.13。

四、模型构建

　　豆类碳吸收模型构建的技术路线图见图 4。

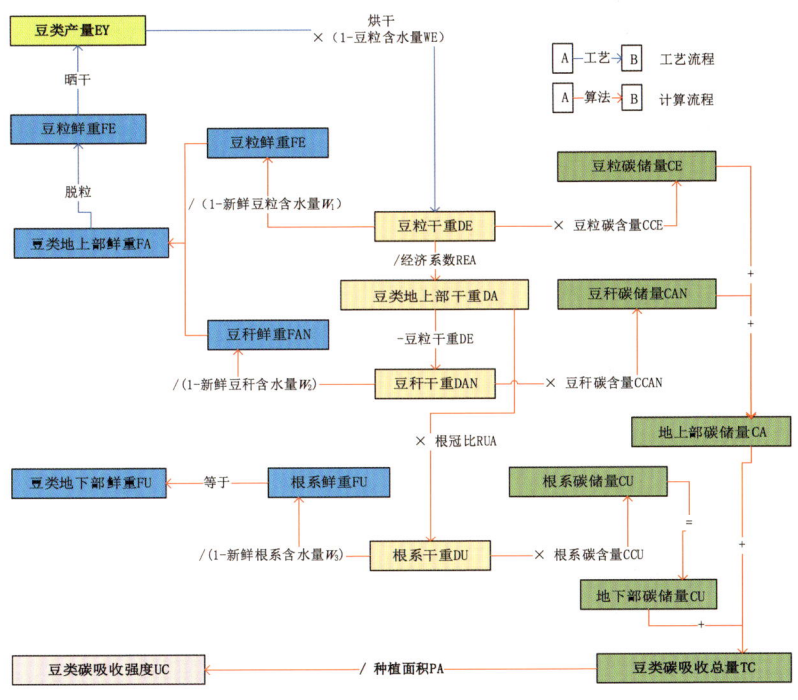

图 4　豆类碳吸收模型构建技术路线图

（一）豆类各组织干重的计算

$$DE=EY \times （1-WE） \qquad 公式 4-1$$

$$DA=DE \div REA \qquad 公式 4-2$$

$$DAN=DA-DE \qquad 公式 4-3$$

$$DU=DA \times RUA \qquad 公式 4-4$$

$$TD=DA+DU \qquad 公式 4-5$$

$$UD=TD \div PA \qquad 公式 4-6$$

式中，DE 表示豆粒干重；EY 表示豆粒产量；WE 表示晒干豆粒含水量；DA 表示植株地上部干重；REA 表示经济系数；DAN 表示豆秆干重；DU 表示植株地下部干重；RUA 表示植株根冠比；TD 表示植株总干重；UD 表示单位面积生物量；PA 表示豆类种植面积。

（二）豆类各组织鲜重的计算

$$FE=DE \div （1-W_1） \qquad 公式 4-7$$

$$FAN=DAN \div （1-W_2） \qquad 公式 4-8$$

$$FA=FE+FAN \qquad 公式 4-9$$

$$FU=DU \div （1-W_3） \qquad 公式 4-10$$

式中，FE 表示豆粒鲜重；DE 表示豆粒干重；W_1 表示新鲜豆粒含水量；FAN 表示豆秆鲜重；DAN 表示豆秆干重；W_2 表示新鲜豆秆含水量；FA 表示豆类植株地上部鲜重；FU 表示豆类植株地下部（根系）鲜重；DU 表示植株地下部干重；W_3 表示新鲜根系含水量。

（三）豆类各组织碳储量的计算

$$CE=DE \times CCE \qquad\qquad 公式\ 4\text{-}11$$

$$CAN=DAN \times CCAN \qquad\qquad 公式\ 4\text{-}12$$

$$CA=CE+CAN \qquad\qquad 公式\ 4\text{-}13$$

$$CU=DU \times CCU \qquad\qquad 公式\ 4\text{-}14$$

$$TC=CA+CU \qquad\qquad 公式\ 4\text{-}15$$

式中，CE 表示豆粒碳储量；DE 表示豆粒干重；CCE 表示豆粒碳含量；CAN 表示豆秆碳储量；DAN 表示豆秆干重；CCAN 表示豆秆碳含量；CA 表示地上部碳储量；CU 表示地下部碳储量；DU 表示植株地下部干重；CCU 表示根系碳含量；TC 表示植株碳吸收总量。

（四）碳吸收强度和碳经济效应的计算

$$UC=TC \div PA \qquad\qquad 公式\ 4\text{-}16$$

$$EE=TC \div EY \qquad\qquad 公式\ 4\text{-}17$$

式中，UC 表示豆类植株碳吸收强度；TC 表示豆类植株碳吸收总量；PA 表示豆类种植面积；EE 表示碳经济效应；EY 表示豆粒产量。

五、模型应用

根据碳经济效应（EE）的定义及表 4 计算模型，豆类植株碳储量与产量之间存在特定的数量关系，在没有取得生物量、含水量、碳含量等相关实测数据的情况下，依据该系数可快速评估豆类碳吸收能力，由公式 TC=EY × 1.142 5 计算得出。

表 4　豆类碳吸收能力计算模型（Excel 公式版）

列号	指标	单位	缩写	计算公式	值
（一）基础数据					
列A	地区	—	—	—	四川
列B	年份	—	—	—	2019
列C	豆粒产量	万吨	EY	已知	129.895 1
列D	播种面积	万公顷	PA	已知	55.980 4
（二）参数确定					
列E	新鲜豆粒含水量	%	W_1	经验值/实测数据	20.000 0
列F	新鲜豆秆含水量	%	W_2	经验值/实测数据	65.000 0
列G	新鲜根系含水量	%	W_3	经验值/实测数据	85.000 0
列H	晒干豆粒含水量	%	WE	经验值/实测数据	13.000 0
列I	豆粒碳含量	%	CCE	经验值/实测数据	42.500 0
列J	豆秆碳含量	%	CCAN	经验值/实测数据	39.830 0
列K	根系碳含量	%	CCU	经验值/实测数据	40.000 0
列L	经济系数	—	REA	经验值/实测数据	0.350 0
列M	根冠比	—	RUA	经验值/实测数据	0.130 0
（三）过程计算					
列N	豆粒鲜重	万吨	FE	DE ÷（$1-W_1$）	141.260 9
列O	豆秆鲜重	万吨	FAN	DAN ÷（$1-W_2$）	599.638 2

续表

列号	指标	单位	缩写	计算公式	值
列P	地上部鲜重	万吨	FA	FE+FAN	740.899 1
列Q	地下部鲜重	万吨	FU	$DU \div (1-W_3)$	279.831 2
列R	豆粒干重	万吨	DE	$EY \times (1-WE)$	113.008 7
列S	豆秆干重	万吨	DAN	DA−DE	209.873 4
列T	地上部干重	万吨	DA	DE ÷ REA	322.882 1
列U	地下部干重	万吨	DU	DA × RUA	41.974 7
列V	豆粒碳储量	万吨	CE	DE × CCE	48.028 7
列W	豆秆碳储量	万吨	CAN	DAN × CCAN	83.592 6
列X	地上部碳储量	万吨	CA	CE+CAN	131.621 3
列Y	地下部碳储量	万吨	CU	DU × CCU	16.789 9
列Z	植株总干重	万吨	TD	DA+DU	364.856 8

（四）估算结果

列AA	碳吸收总量	万吨	TC	CA+CU	148.411 1
列AB	碳吸收强度	吨 /公顷	UC	TC ÷ PA	2.651 1

（五）其他参数

列AC	单位面积生物量	吨 /公顷	UD	TD ÷ PA	6.517 6
列AD	碳经济效应	—	EE	TC ÷ EY	1.142 5

注：该表于 Excel 中转置后可用于多区域、多品种、多年份的豆类碳储量估算。

第五章 薯类碳吸收模型

一、评价基准

品种基准：薯类作物又称根茎类作物，为一年生或多年生草本植物，主要包括甘薯、马铃薯等。这类作物的产品器官是块根和块茎，由生长前期和块根（茎）膨大期两个生理分期组成生长周期。本书以四川主推马铃薯品种"川芋10号"为基准进行薯类特性评价，平均亩产量达1 629.4千克。其平均株高60.8厘米，结薯集中，单株结薯5.4个，大、中薯率80.0%，提倡采用30～50克健康整薯作种，一般净作可亩植4 000～6 000株。

产量基准：本书以2019年的产量数据为基准，参考部分实测数据进行碳储量的估算。根据国家统计局制定的《农林牧渔业统计报表制度（2020）》，薯类有关数据仅包括甘薯和马铃薯，不包括芋头、木薯等。本书中薯类产量按鲜薯质量计算。

二、关键指标

鲜重：①薯类地上部鲜重（FA），薯类收获时植株地上部分（薯藤）在自然状态下的质量，单位为万吨。②薯类地下部鲜重（FU），薯类收获时植株地下部分在自然状态下的质量，包括薯块鲜重和根系鲜重，单位为万吨。③薯块鲜重（FE），薯类收获后，薯块未经加工、晒干等任何处理的自然状态下的质量，单位为万吨。④薯类根系鲜重（FUN），薯类收获后根系未经加工、晒干等任何处理的自然状态下的质量，单位为万吨。

薯类原粮产量（EY）：薯类产量，通常按鲜薯的质量来计算。单位为万吨。

干重：指植物组织除去自由水以后的质量，一般为植物组织经 105℃ 杀青、75℃ 烘干至恒定的质量。单位为万吨。包括植株总干重（TD）、薯块干重（DE）、薯藤干重（DA）、地下部干重（DU）和根系干重（DUN）。

单位面积生物量（UD）：植株总干重（TD）与种植面积之比。单位为吨/公顷。

植被碳储量：薯类在生长发育过程中将游离的二氧化碳转化为有机物储存在植株内，植被碳储量即为该过程中植株内碳素的储存量。单位为万吨。收获时模型包括 4 个碳储量相关指标，分别为薯块碳储量（CE）、薯藤碳储量（CA）、根系碳储量（CUN）、地下部碳储量（CU）。

薯类碳吸收总量（整株碳储量，TC）：薯类在生长过程中将游离的二氧化碳固定、转化为碳素储存在植株体内，碳吸收总量即为整株碳素总储存量。单位为万吨。

碳吸收强度（UC）：薯类收获时，单位面积薯类植株的碳固定量。单位为吨/公顷。

碳经济效应（EE）：生产单位质量新鲜薯块可固定的碳量。

三、关键系数

经济系数（REA）：也称收获指数，指经济产量与生物产量的比值。此处经济产量为薯块干重，生物产量为薯类植株地上部（薯藤）干重。薯类的经济系数通常为 0.55～0.75，可取值 0.675［根据谢婷等（2021）的研究数据确定］。

含水量：薯类组织中水分质量占总质量的百分比，以鲜重为基数表示。薯类收获时，将植株分为薯块、薯藤、根系 3个部分，测定各部分在未经任何加工处理的自然状态下的含水量。其中，新鲜薯块含水量（W_1），无实测值时，可取值70%；新鲜薯藤含水量（W_2），无实测值时，可取值70%；新鲜根系含水量（W_3），无实测值时，可取值85%。

碳含量：指碳素占植株/某组织的质量百分比，用以衡量作物吸收固定二氧化碳的能力。薯块碳含量（CCE），无实测值时，可取值44.69%；薯藤碳含量（CCA），无实测值时，可取值42.97%；根系碳含量（CCUN），无实测值时，可取值44.69%［根据罗怀良（2014）的研究数据确定］。

根冠比（RUA）：薯类收获时，根系（地下部去除薯块以外的其他部分）与地上部干物重的比值，可取值0.05。

四、模型构建

薯类碳吸收模型构建的技术路线图见图 5。

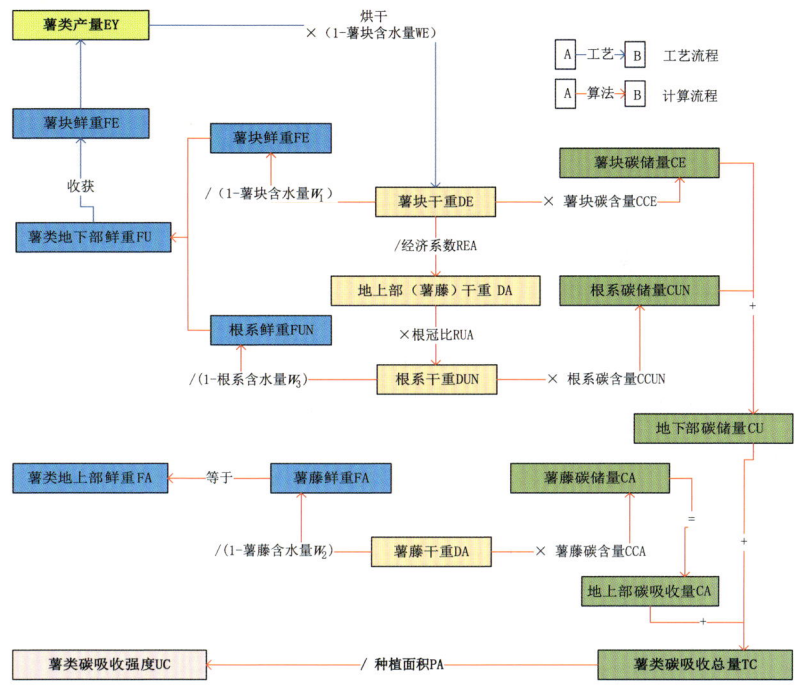

图 5　薯类碳吸收模型构建技术路线图

注：①马铃薯为块茎类作物，甘薯为块根类作物。②由于薯类经济产物生长于地下，本书中将薯类经济产物统一计入地下部参与计算。③本书中薯块不计入根系部分，根系指植株地下部去除经济产物后剩余的部分。

（一）薯类各组织干重的计算

$$DE=EY \times （1-W_1）\qquad 公式 5-1$$

$$DA=DE \div REA \qquad 公式 5-2$$

$$DUN=DA \times RUA \qquad 公式 5-3$$

$$DU=DE+DUN \qquad 公式 5-4$$

$$TD=DA+DU \qquad 公式 5-5$$

$$UD=TD \div PA \qquad 公式 5-6$$

式中，DE 表示薯块干重；EY 表示薯类（原粮）产量；W_1 表示新鲜薯块含水量；DA 表示薯藤干重；REA 表示经济系数；DUN 表示薯类根系干重；RUA 表示植株根冠比；DU 表示植株地下部干重；TD 表示植株总干重；UD 表示单位面积生物量；PA 表示种植面积。

（二）薯类各组织鲜重的计算

$$FE=DE \div （1-W_1）\qquad 公式 5-7$$

$$FA=DA \div （1-W_2）\qquad 公式 5-8$$

$$FUN=DUN \div （1-W_3）\qquad 公式 5-9$$

$$FU=FE+FUN \qquad 公式 5-10$$

式中，FE 表示薯块鲜重；DE 表示薯块干重；W_1 表示新鲜薯块含水量；FA 表示薯类地上部鲜重；DA 表示薯藤干重；W_2 表示新鲜薯藤含水量；FUN 表示薯类根系鲜重；DUN 表示薯类根系干重；W_3 表示新鲜根系含水量；FU 表示薯类地下部鲜重。

（三）薯类各组织碳储量的计算

$$CE=DE \times CCE \qquad 公式 5-11$$

$$CA=DA \times CCA \qquad 公式 5-12$$

$$CUN=DUN \times CCUN \qquad 公式 5-13$$

$$CU=CE+CUN \qquad 公式 5-14$$

$$TC=CA+CU \qquad 公式 5-15$$

式中，CE 表示薯块碳储量；DE 表示薯块干重；CCE 表示薯块碳含量；CA 表示薯藤碳储量；DA 表示薯藤干重；CCA 表示薯藤碳含量；CUN 表示薯类根系碳储量；DUN 表示薯类根系干重；CCUN 表示根系碳含量；CU 表示地下部碳储量；TC 表示薯类碳吸收总量。

（四）碳吸收强度和碳经济效应的计算

$$UC=TC \div PA \qquad 公式 5-16$$

$$EE=TC \div EY \qquad 公式 5-17$$

式中，UC 表示薯类植株碳吸收强度；TC 表示薯类碳吸收总量；PA 表示薯类种植面积；EE 表示碳经济效应；EY 表示薯类（原粮）产量。

五、模型应用

根据碳经济效应（EE）的定义及表 5 计算模型，薯类植株碳储量与薯块产量之间存在特定的数量关系，在没有取得生物量、含水量、碳含量等相关实测数据的情况下，依据该系数可快速评估薯类碳吸收能力，由公式 TC=EY×0.335 0 计算得出。

表 5 薯类碳吸收能力计算模型（Excel 公式版）

列号	指标	单位	缩写	计算公式	值
（一）基础数据					
列A	地区	—	—	—	四川
列B	年份	—	—	—	2019
列C	薯类（原粮）产量	万吨	EY	已知	543.215 4
列D	种植面积	万公顷	PA	已知	126.040 2
（二）参数确定					
列E	新鲜薯块含水量	%	W_1	经验值/实测数据	70.000 0
列F	新鲜薯藤含水量	%	W_2	经验值/实测数据	70.000 0
列G	新鲜根系含水量	%	W_3	经验值/实测数据	85.000 0
列H	薯块碳含量	%	CCE	经验值/实测数据	44.690 0
列I	薯藤碳含量	%	CCA	经验值/实测数据	42.970 0
列J	根系碳含量	%	CCUN	经验值/实测数据	44.690 0
列K	经济系数	—	REA	经验值/实测数据	0.675 0
列L	根冠比	—	RUA	经验值/实测数据	0.050 0

续表

列号	指标	单位	缩写	计算公式	值
（三）过程计算					
列M	薯块鲜重	万吨	FE	$DE \div (1-W_1)$	543.215 4
列N	地上部（薯藤）鲜重	万吨	FA	$DA \div (1-W_2)$	804.763 6
列O	根系鲜重	万吨	FUN	$DUN \div (1-W_3)$	80.476 4
列P	地下部鲜重	万吨	FU	FE+FUN	623.691 8
列R	薯块干重	万吨	DE	$EY \times (1-W_1)$	162.964 6
列S	地上部（薯藤）干重	万吨	DA	DE÷REA	241.429 1
列T	根系干重	万吨	DUN	DA×RUA	12.071 5
列U	地下部干重	万吨	DU	DE+DUN	175.036 1
列V	薯块碳储量	万吨	CE	DE×CCE	72.828 9
列W	地上部（薯藤）碳储量	万吨	CA	DA×CCA	103.742 1
列X	根系碳储量	万吨	CUN	DUN×CCUN	5.394 7
列Y	地下部碳储量	万吨	CU	CE+CUN	78.223 6
列Z	植株总干重	万吨	TD	DA+DU	416.465 1
（四）估算结果					
列AA	碳吸收总量	万吨	TC	CA+CU	181.965 7

续表

列号	指标	单位	缩写	计算公式	值
列AB	碳吸收强度	吨/公顷	UC	TC÷PA	1.443 7
（五）其他参数					
列AC	单位面积生物量	吨/公顷	UD	TD÷PA	3.304 2
列AD	碳经济效应		EE	TC÷EY	0.335 0

注：该表于 Excel 中转置后可用于多区域、多品种、多年份的薯类碳储量估算。

第二部分

经济作物篇

第六章 棉花碳吸收模型

一、评价基准

品种基准： 棉花，学名为陆地棉（*Gossypium hirsutum* L.），是锦葵科棉属植物的种子纤维，原产于亚热带地区。棉花为一年生草本或亚灌木，高 0.6～1.5 米。 本书以四川主推品种"川棉 118"为基准进行棉花特性评价，生产试验中每公顷产籽棉 3 505.65 千克、皮棉 1 502.55 千克、白花皮棉 1 447.50 千克。平均单株结铃 18 个以上，铃卵圆较大，单铃重 5.84 克，衣分 44.79%，衣指 7.8 克，籽指 9.5 克。槽坝地亩植 2 600～3 000 株，坡台地亩植 3 000～3 500 株。

产量基准： 本书以 2019 年的产量数据为基准，参考部分实测数据进行碳储量的估算。根据国家统计局制定的《农林牧渔业统计报表制度（2020）》对调查方法的定义，棉花产量包括春播棉和夏播棉在内，按去籽后的皮棉计算，不包括木棉。皮棉是指从棉花植株上采摘籽棉后，由籽棉上轧下来的棉纤维。本书中，籽棉除去皮棉后，剩下的棉籽壳包含在棉秆部分参与计算。加工、晒干后的棉花依然保持一定的含水量。

二、关键指标

鲜重： ①棉花地上部鲜重（FA），棉花收获时植株地上部分在自然状态下的质量，包括皮棉鲜重和棉秆鲜重，单位为万吨。②皮棉鲜重（FE），棉花脱籽后，皮棉未经加工、晒干等任何处理的自然状态下的质量，单位为万吨。③棉秆鲜重（FAN），棉花脱籽后剩下的棉籽壳、棉秆未经加工、晒干等任何处理的自然状态下的质量，单位为万吨。④棉花地下部（根系）鲜重（FU），棉花收获时根系在自然状态下的质量，单位为万吨。

棉花（皮棉）产量（EY）： 指春播和夏播棉的全社会产量，产量按皮棉计算。3千克籽棉折1千克皮棉，不包括木棉。单位为万吨。

干重： 指植物组织除去自由水以后的质量，一般为植物组织经105℃杀青、75℃烘干至恒定的质量。单位为万吨。包括植株总干重（TD）、皮棉干重（DE）、棉秆干重（DAN）、地上部干重（DA）和地下部（根系）干重（DU）。

单位面积生物量（UD）： 植株总干重（TD）与种植面积之比。单位为吨/公顷。

植被碳储量： 棉花在生长发育过程中将游离的二氧化碳转化为有机物储存在植株内，植被碳储量即为该过程中植株内碳素的储存量。单位为万吨。收获时模型包括4个碳储量相关指标，分别为皮棉碳储量（CE）、棉秆碳储量（CAN）、地上部碳储量（CA）、地下部（根系）碳储量（CU）。

棉花碳吸收总量（整株碳储量，TC）：棉花在生长过程中通过固定大气中的碳将碳素储存在植株体内，碳吸收总量即为整株碳素总储存量。单位为万吨。

碳吸收强度（UC）：棉花收获时，单位面积棉花植株的碳固定量。单位为吨/公顷。

碳经济效应（EE）：生产单位质量皮棉可固定的碳量。

三、关键系数

经济系数（REA）：也称收获指数，指经济产量与生物产量的比值。此处经济产量为皮棉干重，生物产量为棉花植株地上部干重。棉花的经济系数通常为 0.13～0.16，无实测值时，可取值 0.14［根据张白丁（1999）的研究数据确定］。

含水量：棉花组织中水分质量占总质量的百分比，以鲜重为基数表示。由于棉花收获、脱籽后，晒干皮棉仍含有一定的水分，因此，皮棉含水量包括新鲜皮棉含水量和晒干皮棉含水量两个参数。

新鲜组织含水量：指棉花收获时，将植株分为皮棉、棉秆、根系 3 个部分，各部分在未经任何加工处理的自然状态下的含水量。其中，新鲜皮棉含水量（W_1），无实测值时，可取值 20%；新鲜棉秆含水量（W_2），无实测值时，可取值 70%；新鲜根系含水量（W_3），无实测值时，可取值 80%［根据丛宏斌等（2018）和谢婷等（2021）的研究数据确定］。

晒干皮棉含水量（WE）：指棉花脱籽，皮棉经晾晒处理后的水分含量，无实测值时，可取值 8%。

碳含量：指碳素占植株/某组织的质量百分比，用以衡量作物吸收固定二氧化碳的能力。皮棉碳含量（CCE），无实测值时，可取值 40.5%；棉秆碳含量（CCAN），无实测值时，可取值 35.75%；根系碳含量（CCU），无实测值时，可取值 36.5%［根据刘瑜等（2015）的研究数据确定］。

根冠比（RUA）：棉花收获时，地下部与地上部干物重的比值，可取值 0.20。

四、模型构建

棉花碳吸收模型构建的技术路线图见图 6。

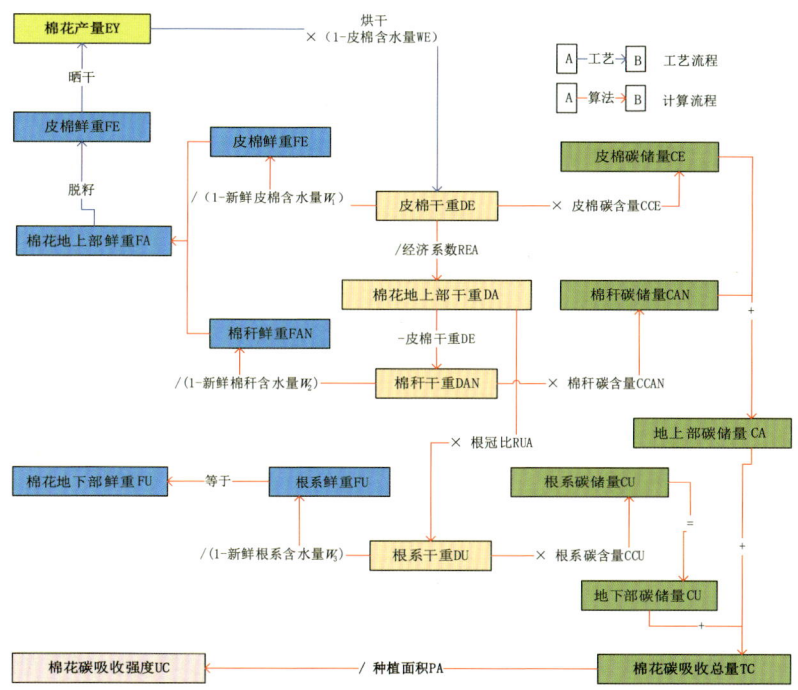

图 6 棉花碳吸收模型构建技术路线图

（一）棉花各组织干重的计算

$$DE=EY \times (1-WE) \qquad 公式 6-1$$

$$DA=DE \div REA \qquad 公式 6-2$$

$$DAN=DA-DE \qquad 公式 6-3$$

$$DU=DA \times RUA \qquad 公式 6-4$$

$$TD=DA+DU \qquad 公式 6-5$$

$$UD=TD \div PA \qquad 公式 6-6$$

式中，DE 表示皮棉干重；EY 表示棉花（皮棉）产量；WE 表示晒干皮棉含水量；DA 表示植株地上部干重；REA 表示经济系数；DAN 表示棉秆干重；DU 表示植株地下部干重；RUA 表示植株根冠比；TD 表示植株总干重；UD 表示单位面积生物量；PA 表示种植面积。

（二）棉花各组织鲜重的计算

$$FE=DE \div (1-W_1) \qquad 公式 6-7$$

$$FAN=DAN \div (1-W_2) \qquad 公式 6-8$$

$$FA=FE+FAN \qquad 公式 6-9$$

$$FU=DU \div (1-W_3) \qquad 公式 6-10$$

式中，FE 表示皮棉鲜重；DE 表示皮棉干重；W_1 表示新鲜皮棉含水量；FAN 表示棉秆鲜重；DAN 表示棉秆干重；W_2 表示新鲜棉秆含水量；FA 表示棉花植株地上部鲜重；FU 表示棉花植株地下部鲜重；DU 表示植株地下部干重；W_3 表示新鲜根系含水量。

（三）棉花各组织碳储量的计算

$$CE=DE \times CCE \qquad 公式 6-11$$

$$CAN=DAN \times CCAN \qquad 公式 6-12$$

$$CA=CE+CAN \qquad 公式 6-13$$

$$CU=DU \times CCU \qquad 公式 6-14$$

$$TC=CA+CU \qquad 公式 6-15$$

式中，CE 表示皮棉碳储量；DE 表示皮棉干重；CCE 表示皮棉碳含量；CAN 表示棉秆碳储量；DAN 表示棉秆干重；$CCAN$ 表示棉秆碳含量；CA 表示地上部碳储量；CU 表示地下部碳储量；DU 表示植株地下部干重；CCU 表示根系碳含量；TC 表示植株碳吸收总量。

（四）碳吸收强度和碳经济效应的计算

$$UC=TC \div PA \qquad 公式 6-16$$

$$EE=TC \div EY \qquad 公式 6-17$$

式中，UC 表示棉花植株碳吸收强度；TC 表示棉花植株碳吸收总量；PA 表示棉花种植面积；EE 表示碳经济效应；EY 表示棉花（皮棉）产量。

五、模型应用

根据碳经济效应（EE）的定义及表 6 计算模型，棉花植株碳储量与产量之间存在特定的数量关系，在没有取得生物量、含水量、碳含量等相关实测数据的情况下，依据该系数可快速评估棉花碳吸收能力，由公式 TC=EY×2.872 7 计算得出。

表 6　棉花碳吸收能力计算模型（Excel 公式版）

列号	指标	单位	缩写	计算公式	值
（一）基础数据					
列A	地区	—	—	—	四川
列B	年份	—	—	—	2019
列C	棉花（皮棉）产量	万吨	EY	已知	0.277 9
列D	种植面积	万公顷	PA	已知	0.285 1
（二）参数确定					
列E	新鲜皮棉含水量	%	W_1	经验值/实测数据	20.000 0
列F	新鲜棉秆含水量	%	W_2	经验值/实测数据	70.000 0
列G	新鲜根系含水量	%	W_3	经验值/实测数据	80.000 0
列H	晒干皮棉含水量	%	WE	经验值/实测数据	8.000 0
列I	皮棉碳含量	%	CCE	经验值/实测数据	40.500 0
列J	棉秆碳含量	%	CCAN	经验值/实测数据	35.750 0
列K	根系碳含量	%	CCU	经验值/实测数据	36.500 0
列L	经济系数	—	REA	经验值/实测数据	0.140 0
列M	根冠比	—	RUA	经验值/实测数据	0.200 0
（三）过程计算					
列N	皮棉鲜重	万吨	FE	$DE \div (1-W_1)$	0.319 6
列O	棉秆鲜重	万吨	FAN	$DAN \div (1-W_2)$	5.235 1

续表

列号	指标	单位	缩写	计算公式	值
列P	地上部鲜重	万吨	FA	FE+FAN	5.554 7
列Q	地下部鲜重	万吨	FU	DU÷（1−W_3）	1.826 2
列R	皮棉干重	万吨	DE	EY×（1−WE）	0.255 7
列S	棉秆干重	万吨	DAN	DA−DE	1.570 5
列T	地上部干重	万吨	DA	DE÷REA	1.826 2
列U	地下部干重	万吨	DU	DA×RUA	0.365 2
列V	皮棉碳储量	万吨	CE	DE×CCE	0.103 5
列W	棉秆碳储量	万吨	CAN	DAN×CCAN	0.561 5
列X	地上部碳储量	万吨	CA	CE+CAN	0.665 0
列Y	地下部碳储量	万吨	CU	DU×CCU	0.133 3
列Z	植株总干重	万吨	TD	DA+DU	2.191 4
（四）估算结果					
列AA	碳吸收总量	万吨	TC	CA+CU	0.798 3
列AB	碳吸收强度	吨/公顷	UC	TC÷PA	2.800 2
（五）其他参数					
列AC	单位面积生物量	吨/公顷	UD	TD÷PA	7.686 6
列AD	碳经济效应	—	EE	TC÷EY	2.872 7

注：该表于 Excel 中转置后可用于多区域、多品种、多年份的棉花碳储量估算。

第七章 花生碳吸收模型

一、评价基准

品种基准：花生（*Arachis hypogaea* Linn.），亦称"落花生"，为豆科落花生属植物。花生为一年生草本，属于地上开花、地下结果实的油料植物。根部富有根瘤，茎直立或匍匐，有棱。本书以四川主推品种"天府26"为基准进行花生特性评价，平均荚果亩产 269.71 千克，籽仁亩产 204.31 千克，主茎高 36.4 厘米，侧枝长 41.8 厘米。单株总枝数 7.1 个，结果枝 5.9 个。单株总果数 13.3，饱果数 11.5，单株生产力 17.9 克。百果重 190.3 克，百仁重 82.2 克，出仁率 77.8%。荚果饱满度 73.7%。亩植 8 000 ～ 12 000 穴，双粒穴播。

产量基准：本书以 2019 年的产量数据为基准，参考部分实测数据进行碳储量的估算。根据国家统计局制定的《农林牧渔业统计报表制度（2020）》对调查方法的定义，花生产量以带壳干花生计算。晒干后的花生依然保持一定的含水量。

二、关键指标

鲜重： ①花生地上部鲜重（FA），花生收获时植株地上部分（花生苗）在自然状态下的质量，单位为万吨。②花生地下部鲜重（FU），花生收获时植株地下部分在自然状态下的质量，包括花生果实鲜重和根系鲜重，单位为万吨。③花生鲜重（FE），花生收获后，花生果实未经加工、晒干等任何处理的自然状态下的质量，单位为万吨。④花生根系鲜重（FUN），花生收获后根系未经加工、晒干等任何处理的自然状态下的质量，单位为万吨。

花生产量（EY）： 指在特定时间段内（通常一年），在花生播种面积上收获的全部花生荚果和种子的总量。单位为万吨。

干重： 指植物组织除去自由水以后的质量，一般为植物组织经 105℃杀青、75℃烘干至恒定的质量。单位为万吨。包括植株总干重（TD）、花生果实干重（DE）、花生苗干重（DA）、地下部干重（DU）和根系干重（DUN）。

单位面积生物量（UD）： 植株总干重（TD）与种植面积之比。单位为吨/公顷。

植被碳储量： 花生在生长发育过程中将游离的二氧化碳转化为有机物储存在植株内，植被碳储量即为该过程中植株内碳素的储存量。单位为万吨。收获时模型包括 4 个碳储量相关指标，分别为花生果实碳储量（CE）、花生苗碳储量（CA）、根系碳储量（CUN）、地下部碳储量（CU）。

花生碳吸收总量（整株碳储量，TC）：花生在生长过程中通过固定大气中的碳将碳素储存在植株体内，碳吸收总量即为整株碳素总储存量。单位为万吨。

碳吸收强度（UC）：花生收获时，单位面积花生植株的碳固定量。单位为吨/公顷。

碳经济效应（EE）：生产单位质量花生可固定的碳量。

三、关键系数

经济系数（REA）：也称收获指数，指经济产量与生物产量的比值。此处经济产量为花生果实干重，生物产量为花生植株地上部干重。花生的经济系数可取值 0.43［根据谢婷等（2021）的研究数据确定］。

含水量：花生组织中水分质量占总质量的百分比，以鲜重为基数表示。

新鲜组织含水量：花生收获时，将植株分为花生、花生苗、根系 3 个部分，各部分在未经任何加工处理的自然状态下的含水量。其中，新鲜花生果实含水量（W_1），无实测值时，可取值 42.5%；新鲜花生苗含水量（W_2），无实测值时，可取值 70%；新鲜根系含水量（W_3），无实测值时，可取值 80%。

干花生含水量（WE）：花生收获后，花生果实经晾晒处理后的水分含量，无实测值时，可取值 10%。

碳含量：指碳素占植株/某组织的质量百分比，用以衡量作物吸收固定二氧化碳的能力。花生碳含量（CCE），无实测值时，可取值 45.00%；花生苗碳含量（CCA），无实测值时，可取值 42.97%；根系碳含量（CCUN），无实测值时，可取值

45.00%。

根冠比（RUA）：花生收获时，根系（地下部去除花生果实以外的其他部分）与地上部干物重的比值，可取值 0.20。

四、模型构建

花生碳吸收模型构建的技术路线图见图 7。

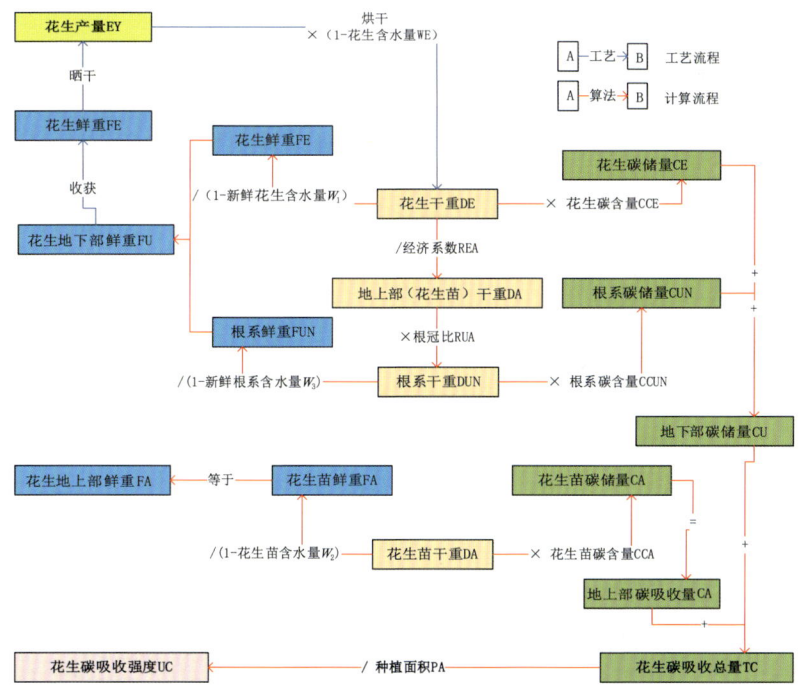

图 7　花生碳吸收模型构建技术路线图

注：本书中将花生果实计入地下部参与计算。

（一）花生各组织干重的计算

$$DE=EY \times (1-WE) \qquad 公式 7-1$$

$$DA=DE \div REA \qquad 公式 7-2$$

$$DUN=DA \times RUA \qquad 公式 7-3$$

$$DU=DE+DUN \qquad 公式 7-4$$

$$TD=DA+DU \qquad 公式 7-5$$

$$UD=TD \div PA \qquad 公式 7-6$$

式中，DE 表示花生干重；EY 表示花生产量；WE 表示干花生含水量；DA 表示花生苗干重；REA 表示经济系数；DUN 表示花生根系干重；RUA 表示植株根冠比；DU 表示植株地下部干重；TD 表示植株总干重；UD 表示单位面积生物量；PA 表示种植面积。

（二）花生各组织鲜重的计算

$$FE=DE \div (1-W_1) \qquad 公式 7-7$$

$$FA=DA \div (1-W_2) \qquad 公式 7-8$$

$$FUN=DUN \div (1-W_3) \qquad 公式 7-9$$

$$FU=FE+FUN \qquad 公式 7-10$$

式中，FE 表示花生鲜重；DE 表示花生干重；W_1 表示新鲜花生含水量；FA 表示花生苗鲜重；DA 表示花生苗干重；W_2 表示新鲜花生苗含水量；FUN 表示花生根系鲜重；DUN 表示花生根系干重；W_3 表示新鲜根系含水量；FU 表示花生植株地下部鲜重。

（三）花生各组织碳储量的计算

$$CE=DE \times CCE \qquad \text{公式 7-11}$$

$$CA=DA \times CCA \qquad \text{公式 7-12}$$

$$CUN=DUN \times CCUN \qquad \text{公式 7-13}$$

$$CU=CE+CUN \qquad \text{公式 7-14}$$

$$TC=CA+CU \qquad \text{公式 7-15}$$

式中，CE 表示花生碳储量；DE 表示花生干重；CCE 表示花生碳含量；CA 表示花生苗碳储量；DA 表示花生苗干重；CCA 表示花生苗碳含量；CUN 表示花生根系碳储量；DUN 表示花生根系干重；CCUN 表示根系碳含量；CU 表示地下部碳储量；TC 表示植株碳吸收总量。

（四）碳吸收强度和碳经济效应的计算

$$UC=TC \div PA \qquad \text{公式 7-16}$$

$$EE=TC \div EY \qquad \text{公式 7-17}$$

式中，UC 表示花生植株碳吸收强度；TC 表示花生植株碳吸收总量；PA 表示花生种植面积；EE 表示碳经济效应；EY 表示花生产量。

五、模型应用

根据碳经济效应（EE）的定义及表 7 计算模型，花生植株碳储量与产量之间存在特定的数量关系，在没有取得生物量、含水量、碳含量等相关实测数据的情况下，依据该系数可快速评估花生碳吸收能力，由公式 TC=EY×1.492 7 计算得出。

表 7　花生碳吸收能力计算模型（Excel 公式版）

列号	指标	单位	缩写	计算公式	值
（一）基础数据					
列 A	地区	—	—	—	四川
列 B	年份	—	—	—	2019
列 C	花生产量	万吨	EY	已知	68.371 5
列 D	种植面积	万公顷	PA	已知	26.472 8
（二）参数确定					
列 E	新鲜花生含水量	%	W_1	经验值/实测数据	42.500 0
列 F	新鲜花生苗含水量	%	W_2	经验值/实测数据	70.000 0
列 G	新鲜根系含水量	%	W_3	经验值/实测数据	80.000 0
列 H	干花生含水量	%	WE	经验值/实测数据	10.000 0
列 I	花生碳含量	%	CCE	经验值/实测数据	45.000 0
列 J	花生苗碳含量	%	CCA	经验值/实测数据	42.970 0
列 K	根系碳含量	%	CCUN	经验值/实测数据	45.000 0
列 L	经济系数	—	REA	经验值/实测数据	0.430 0
列 M	根冠比	—	RUA	经验值/实测数据	0.200 0
（三）过程计算					
列 N	花生鲜重	万吨	FE	DE÷（1−W_1）	107.016 3
列 O	花生苗鲜重	万吨	FA	DA÷（1−W_2）	477.010 5

续表

列号	指标	单位	缩写	计算公式	值
列 P	根系鲜重	万吨	FUN	DUN ÷（1−W_3）	143.103 1
列 Q	地下部鲜重	万吨	FU	FE+FUN	250.119 4
列 R	花生干重	万吨	DE	EY×（1−WE）	61.534 4
列 S	花生苗干重	万吨	DA	DE÷REA	143.103 1
列 T	根系干重	万吨	DUN	DA×RUA	28.620 6
列 U	地下部干重	万吨	DU	DE+DUN	90.155 0
列 V	花生碳储量	万吨	CE	DE×CCE	27.690 5
列 W	花生苗碳储量	万吨	CA	DA×CCA	61.491 4
列 X	根系碳储量	万吨	CUN	DUN×CCUN	12.879 3
列 Y	地下部碳储量	万吨	CU	CE+CUN	40.569 7
列 Z	植株总干重	万吨	TD	DA+DU	233.258 1

（四）估算结果

列 AA	碳吸收总量	万吨	TC	CA+CU	102.061 2
列 AB	碳吸收强度	吨/公顷	UC	TC÷PA	3.855 3

（五）其他参数

列 AC	单位面积生物量	吨/公顷	UD	TD÷PA	8.811 2
列 AD	碳经济效应	—	EE	TC÷EY	1.492 7

　　注：该表于 Excel 中转置后可用于多区域、多品种、多年份的花生碳储量估算。

第八章 油菜碳吸收模型

一、评价基准

品种基准：油菜（*Brassica rapa* var. *oleifera*），为十字花科芸薹属植物，两年生草本，直根系，茎直立，分枝较少，株高 30 ～ 90 厘米。本书以四川主推品种"蓉油 18"为基准进行油菜特性评价，平均亩产量 192.2 千克。株高 199.0 厘米，匀生分枝类型，一次有效分枝数 8 个，单株有效角果数 469.3 个，每角粒数 18.1 粒，千粒重 3.74 克。每亩密度 6 500 株左右。

产量基准：本书以 2019 年的产量数据为基准，参考部分实测数据进行碳储量的估算。根据国家统计局制定的《农林牧渔业统计报表制度（2020）》对调查方法的定义，油菜产量以收获后的油菜籽质量计算。其中，油菜籽的收获是指把油菜的籽粒从角果中脱离出来，脱籽后角果果皮作为秸秆的一部分参与计算。晒干后的油菜籽依然保持一定的水分。

二、关键指标

鲜重：①油菜地上部鲜重（FA），油菜收获时植株地上部分在自然状态下的质量，包括油菜籽鲜重和油菜秆鲜重，单位为万吨。②油菜籽鲜重（FE），油菜脱籽后，油菜籽未经加工、晒干等任何处理的自然状态下的质量，单位为万吨。③油菜秆鲜重（FAN），油菜脱籽后剩下的角果果皮、油菜秆未经加工、晒干等任何处理的自然状态下的质量，单位为万吨。④油菜地下部（根系）鲜重（FU），油菜收获时根系在自然状态下的质量，单位为万吨。

油菜籽产量（EY）：一定时间内收获的油菜籽质量，通常测量的是干重，单位为万吨。

干重：指植物组织除去自由水以后的质量，一般为植物组织经 105℃杀青、75℃烘干至恒定的质量。单位为万吨。包括油菜籽干重（DE）、油菜秆干重（DAN）、地上部干重（DA）和地下部（根系）干重（DU）。

单位面积生物量（UD）：植株总干重（TD）与种植面积之比。单位为吨/公顷。

植被碳储量：油菜在生长发育过程中将游离的二氧化碳转化为有机物储存在植株内，植被碳储量即为该过程中植株内碳素的储存量。单位为万吨。收获时模型包括 4 个碳储量相关指标，分别为油菜籽碳储量（CE）、油菜秆碳储量（CAN）、地上部碳储能（CA）、地下部（根系）碳储量（CU）。

油菜碳吸收总量（整株碳储量，TC）：油菜在生长过程中通过固定大气中的二氧化碳，将碳素储存在植株体内，碳吸收总量即为整株碳素总储存量。单位为万吨。

碳吸收强度（UC）：油菜收获时，单位面积油菜植株的碳固定量。单位为吨/公顷。

碳经济效应（EE）：生产单位质量油菜籽可固定的碳量。

三、关键系数

经济系数（REA）：也称为收获指数，指经济产量与生物产量的比值。此处经济产量为油菜籽干重，生物产量为油菜植株地上部干重。油菜的经济系数可取值 0.25［根据谢婷等（2021）的研究数据确定］。

含水量：指油菜组织中水分质量占总质量的百分比，以鲜重为基数表示。由于油菜籽粒部分收获、脱粒后，需进行晾晒，控制种子内的水分以便于保存，晒干油菜籽仍含有一定的水分。因此，油菜籽含水量包括新鲜油菜籽含水量和晒干油菜籽含水量两个参数。

新鲜组织含水量：指油菜收获时，将植株分为油菜籽、油菜秆、根系 3 个部分，各部分在未经任何加工处理的自然状态下的含水量。其中，新鲜油菜籽含水量（W_1），无实测值时，可取值 25%；新鲜油菜秆含水量（W_2），无实测值时，可取值 65%；新鲜根系含水量（W_3），无实测值时，可取值 75%。

晒干油菜籽含水量（WE）：指油菜脱粒，油菜籽经晾晒处理后的水分含量，无实测值时，可取值 10%。

碳含量：指碳素占植株/某组织的质量百分比，用以衡量作物吸收固定二氧化碳的能力。油菜籽碳含量（CCE），无实测值时，可取值 49.68%；油菜秆碳含量（CCAN），无实测值时，可取值 44.26%；根系碳含量（CCU），无实测值时，可取值 41.47%。

根冠比（RUA）： 油菜收获时，地下部与地上部干物重的比值，可取值 0.20。

四、模型构建

油菜碳吸收模型构建的技术路线图见图 8。

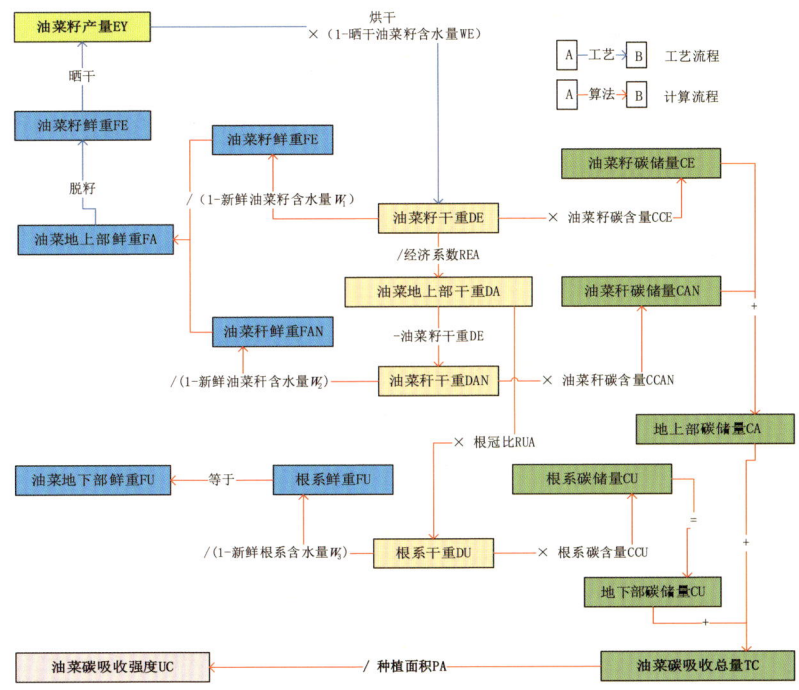

图 8　油菜碳吸收模型构建技术路线图

（一）油菜各组织干重的计算

$$DE=EY \times (1-WE) \qquad 公式\ 8\text{-}1$$

$$DA=DE \div REA \qquad 公式\ 8\text{-}2$$

$$DAN=DA-DE \qquad 公式\ 8\text{-}3$$

$$DU=DA \times RUA \qquad 公式\ 8\text{-}4$$

$$TD=DA+DU \qquad 公式\ 8\text{-}5$$

$$UD=TD \div PA \qquad 公式\ 8\text{-}6$$

式中，DE 表示油菜籽干重；EY 表示油菜籽产量；WE 表示晒干油菜籽含水量；DA 表示植株地上部干重；REA 表示经济系数；DAN 表示油菜秆干重；DU 表示植株地下部干重；RUA 表示植株根冠比；TD 表示植株总干重；UD 表示单位面积生物量；PA 表示种植面积。

（二）油菜各组织鲜重的计算

$$FE=DE \div (1-W_1) \qquad 公式\ 8\text{-}7$$

$$FAN=DAN \div (1-W_2) \qquad 公式\ 8\text{-}8$$

$$FA=FE+FAN \qquad 公式\ 8\text{-}9$$

$$FU=DU \div (1-W_3) \qquad 公式\ 8\text{-}10$$

式中，FE 表示油菜籽鲜重；DE 表示油菜籽干重；W_1 表示新鲜油菜籽含水量；FAN 表示油菜秆鲜重；DAN 表示油菜秆干重；W_2 表示新鲜油菜秆含水量；FA 表示油菜植株地上部鲜重；FU 表示油菜植株地下部鲜重；DU 表示植株地下部干重；W_3 表示新鲜根系含水量。

（三）油菜各组织碳储量的计算

$$CE=DE \times CCE \qquad\qquad 公式 8–11$$

$$CAN=DAN \times CCAN \qquad\qquad 公式 8–12$$

$$CA=CE+CAN \qquad\qquad 公式 8–13$$

$$CU=DU \times CCU \qquad\qquad 公式 8–14$$

$$TC=CA+CU \qquad\qquad 公式 8–15$$

式中，CE 表示油菜籽碳储量；DE 表示油菜籽干重；CCE 表示油菜籽碳含量；CAN 表示油菜秆碳储量；DAN 表示油菜秆干重；CCAN 表示油菜秆碳含量；CA 表示地上部碳储量；CU 表示地下部碳储量；DU 表示植株地下部干重；CCU 表示根系碳含量；TC 表示植株碳吸收总量。

（四）碳吸收强度和碳经济效应的计算

$$UC=TC \div PA \qquad\qquad 公式 8–16$$

$$EE=TC \div EY \qquad\qquad 公式 8–17$$

式中，UC 表示油菜植株碳吸收强度；TC 表示油菜植株碳吸收总量；PA 表示油菜种植面积；EE 表示碳经济效应；EY 表示油菜籽产量。

五、模型应用

根据碳经济效应（EE）的定义及表 8 计算模型，油菜植株碳储量与籽粒产量之间存在特定的数量关系，在没有取得生物量、含水量、碳含量等相关实测数据的情况下，依据该系数可快速评估油菜碳吸收能力，由公式 $TC=EY \times 1.940\,7$ 计算得出。

表 8　油菜碳吸收能力计算模型（Excel 公式版）

列号	指标	单位	缩写	计算公式	值
（一）基础数据					
列 A	地区	—	—	—	四川
列 B	年份	—	—	—	2019
列 C	油菜籽产量	万吨	EY	已知	296.447 6
列 D	播种面积	万公顷	PA	已知	122.260 6
（二）参数确定					
列 E	新鲜油菜籽含水量	%	W_1	经验值/实测数据	25.000 0
列 F	新鲜油菜秆含水量	%	W_2	经验值/实测数据	65.000 0
列 G	新鲜根系含水量	%	W_3	经验值/实测数据	75.000 0
列 H	晒干油菜籽含水量	%	WE	经验值/实测数据	10.000 0
列 I	油菜籽碳含量	%	CCE	经验值/实测数据	49.680 0
列 J	油菜秆碳含量	%	CCAN	经验值/实测数据	44.260 0
列 K	根系碳含量	%	CCU	经验值/实测数据	41.470 0
列 L	经济系数	—	REA	经验值/实测数据	0.250 0
列 M	根冠比	—	RUA	经验值/实测数据	0.200 0
（三）过程计算					
列 N	油菜籽鲜重	万吨	FE	$DE \div (1-W_1)$	355.737 1
列 O	油菜秆鲜重	万吨	FAN	$DAN \div (1-W_2)$	2 286.881 5

续表

列号	指标	单位	缩写	计算公式	值
列 P	地上部鲜重	万吨	FA	FE+FAN	2 642.618 6
列 Q	地下部鲜重	万吨	FU	DU ÷（1−W_3）	853.769 1
列 R	油菜籽干重	万吨	DE	EY ×（1−WE）	266.802 8
列 S	油菜秆干重	万吨	DAN	DA−DE	800.408 5
列 T	地上部干重	万吨	DA	DE ÷ REA	1 067.211 4
列 U	地下部干重	万吨	DU	DA × RUA	213.442 3
列 V	油菜籽碳储量	万吨	CE	DE × CCE	132.547 7
列 W	油菜秆碳储量	万吨	CAN	DAN × CCAN	354.260 8
列 X	地上部碳储量	万吨	CA	CE+CAN	486.808 5
列 Y	地下部碳储量	万吨	CU	DU × CCU	88.514 5
列 Z	植株总干重	万吨	TD	DA+DU	1 280.653 6
（四）估算结果					
列 AA	碳吸收总量	万吨	TC	CA+CU	575.323 0
列 AB	碳吸收强度	吨 / 公顷	UC	TC ÷ PA	4.705 7
（五）其他参数					
列 AC	单位面积生物量	吨 / 公顷	UD	TD ÷ PA	10.474 8
列 AD	碳经济效应	—	EE	TC ÷ EY	1.940 7

　　注：该表于 Excel 中转置后可用于多区域、多品种、多年份的油菜碳储量估算。

第九章　麻类碳吸收模型

一、评价基准

品种基准：麻类多为一年生草本植物，如黄麻（*Corchorus capsularis* L）、亚麻（*Linum usitatissimum* L.）等，株高为1米左右。农业上，种植麻类作物主要用于获取生麻。生麻，又称"粗麻""原麻"，指麻类作物的未经脱胶精制的干麻皮，即麻株上剥下的鲜皮晒干后的产品。本书以四川主推苎麻品种"川苎11"为基准进行麻类特性评价，平均亩产量175.33千克，株高220～250厘米，茎粗1.0～1.2厘米。种植2 200～2 500穴/亩，每穴移栽麻苗2～3苗。

产量基准：本书以2019年的产量数据为基准，参考部分实测数据进行碳储量的估算。根据国家统计局制定的《农林牧渔业统计报表制度（2020）》对调查方法的定义，不同麻类产量计算方法不同，本书参考苎麻，产量以刮皮后的干麻计算。晒干的麻皮依然保持一定的水分。麻类植株剥皮剩下的麻叶计入麻秆部分参与计算。

二、关键指标

鲜重：①麻类地上部鲜重（FA），麻类收获时植株地上部分在自然状态下的质量，包括麻皮鲜重和麻秆（包含麻叶）鲜重，单位为万吨。②麻皮鲜重（FE），麻类剥皮后，麻皮未经加工、晒干等任何处理的自然状态下的质量，单位为万吨。③麻秆鲜重（FAN），麻类剥皮后剩下的麻叶、麻秆未经加工、晒干等任何处理的自然状态下的质量，单位为万吨。④麻类地下部（根系）鲜重（FU），麻类收获时根系在自然状态下的质量，单位为万吨。

麻皮产量（EY）：又称麻（麻皮）产量，是指麻皮晒干后按标准含水量计算的质量。单位为万吨。

干重：指植物组织除去自由水以后的质量，一般为植物组织经105℃杀青、75℃烘干至恒定的质量。单位为万吨。包括植株总干重（TD）、麻皮干重（DE）、麻秆干重（DAN）、地上部干重（DA）和地下部（根系）干重（DU）。

单位面积生物量（UD）：植株总干重（TD）与种植面积（PA）之比。单位为吨/公顷。

植被碳储量：麻类在生长发育过程中通过固定大气中游离的二氧化碳，将大气中的碳转化为有机物储存在植株内，植被碳储量即为该过程中植株内碳素的储存量。单位为万吨。收获时模型包括4个碳储量相关指标，分别为麻皮碳储量（CE）、麻秆碳储量（CAN）、地上部碳储量（CA）、地下部（根系）碳储量（CU）。

麻类碳吸收总量（整株碳储量，TC）：麻类在生长过程中将游离的二氧化碳固定、转化为碳素储存在植株体内，碳吸收总量即为整株碳素总储存量。单位为万吨。

碳吸收强度（UC）：麻类收获时，单位面积麻类植株的碳固定量。单位为吨/公顷。

碳经济效应（EE）：生产单位质量麻皮可固定的碳量。

三、关键系数

经济系数（REA）：也称收获指数，指经济产量与生物产量的比值。此处经济产量为麻皮干重，生物产量为麻类植株地上部干重。麻类的经济系数通常为 0.34［根据韩琪（1986）的研究数据确定］。

含水量：指麻类组织中水分质量占总质量的百分比，以鲜重为基数表示。麻类收获后，从麻株上剥下的鲜麻皮需经过晾晒制成干麻皮，因此，麻皮含水量包含新鲜麻皮含水量和干麻皮含水量两个参数。

新鲜组织含水量：指麻类收获时，将植株分为麻皮、麻秆、根系 3 个部分，各部分在未经任何加工处理的自然状态下的含水量。其中，新鲜麻皮含水量（W_1），无实测值时，可取值 80%；新鲜麻秆含水量（W_2），无实测值时，可取值 80%；新鲜根系含水量（W_3），无实测值时，可取值 80%。

晒干麻皮含水量（WE）：指麻类剥皮，麻皮经晾晒处理后的水分含量，无实测值时，可取值 10%。

碳含量：指碳素占植株/某组织的质量百分比，用以衡量作物吸收固定二氧化碳的能力。麻皮碳含量（CCE），无实测值时，可取值 45.00%；麻秆碳含量（CCAN），无实测值时，可取值 43.35%；根系碳含量（CCU），无实测值时，可取值 43.37%。

根冠比（RUA）： 麻类收获时，地下部与地上部干物重的比值，可取值 0.20。

四、模型构建

麻类碳吸收模型构建的技术路线图见图 9。

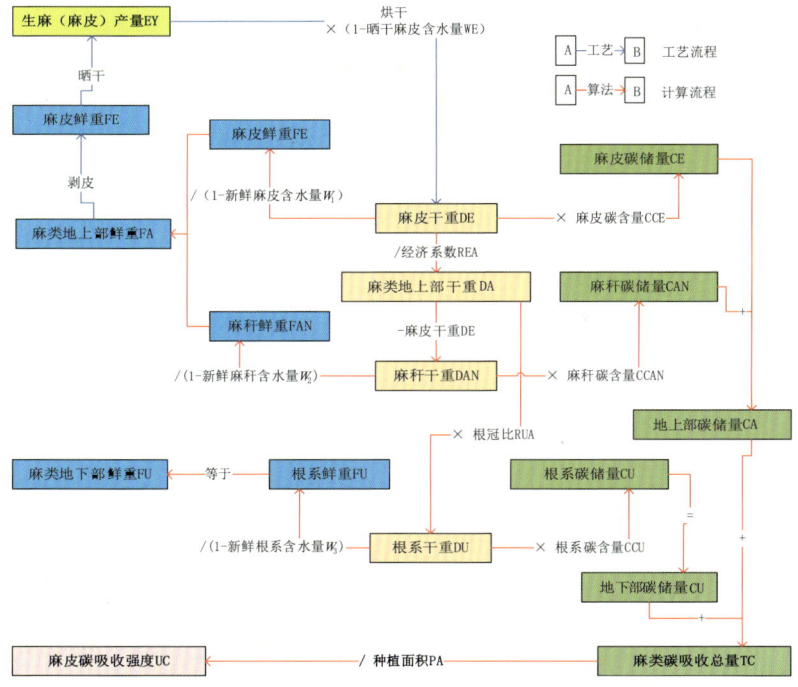

图 9　麻类碳吸收模型构建技术路线图

（一）麻类各组织干重的计算

$$DE=EY \times (1-WE) \qquad 公式 9-1$$

$$DA=DE \div REA \qquad 公式 9-2$$

$$DAN=DA-DE \qquad 公式 9-3$$

$$DU=DA \times RUA \qquad 公式 9-4$$

$$TD=DA+DU \qquad 公式 9-5$$

$$UD=TD \div PA \qquad 公式 9-6$$

式中，DE 表示麻皮干重；EY 表示生麻（麻皮）产量；WE 表示晒干麻皮含水量；DA 表示植株地上部干重；REA 表示经济系数；DAN 表示麻秆干重；DU 表示植株地下部干重；RUA 表示植株根冠比；TD 表示植株总干重；UD 表示单位面积生物量；PA 表示种植面积。

（二）麻类各组织鲜重的计算

$$FE=DE \div (1-W_1) \qquad 公式 9-7$$

$$FAN=DAN \div (1-W_2) \qquad 公式 9-8$$

$$FA=FE+FAN \qquad 公式 9-9$$

$$FU=DU \div (1-W_3) \qquad 公式 9-10$$

式中，FE 表示麻皮鲜重；DE 表示麻皮干重；W_1 表示新鲜麻皮含水量；FAN 表示麻秆鲜重；DAN 表示麻秆干重；W_2 表示新鲜麻秆含水量；FA 表示麻类植株地上部鲜重；FU 表示麻类植株地下部鲜重；DU 表示植株地下部干重；W_3 表示新鲜根系含水量。

（三）麻类各组织碳储量的计算

$$CE=DE \times CCE \qquad 公式\ 9\text{--}11$$

$$CAN=DAN \times CCAN \qquad 公式\ 9\text{--}12$$

$$CA=CE+CAN \qquad 公式\ 9\text{--}13$$

$$CU=DU \times CCU \qquad 公式\ 9\text{--}14$$

$$TC=CA+CU \qquad 公式\ 9\text{--}15$$

式中，CE 表示麻皮碳储量；DE 表示麻皮干重；CCE 表示麻皮碳含量；CAN 表示麻秆碳储量；DAN 表示麻秆干重；CCAN 表示麻秆碳含量；CA 表示地上部碳储量；CU 表示地下部碳储量；DU 表示植株地下部干重；CCU 表示根系碳含量；TC 表示植株碳吸收总量。

（四）碳吸收强度和碳经济效应的计算

$$UC=TC \div PA \qquad 公式\ 9\text{--}16$$

$$EE=TC \div EY \qquad 公式\ 9\text{--}17$$

式中，UC 表示麻类植株碳吸收强度；TC 表示麻类植株碳吸收总量；PA 表示麻类种植面积；EE 表示碳经济效应；EY 表示生麻（麻皮）产量。

五、模型应用

根据碳经济效应（EE）的定义及表 9 的计算模型，麻类植株碳储量与生麻产量之间存在特定的数量关系，在没有取得生物量、含水量、碳含量等相关实测数据的情况下，依据该系数可快速评估麻类碳吸收能力，由公式 $TC=EY \times 1.392\ 0$

计算得出。

表 9　麻类碳吸收能力计算模型（Excel 公式版）

列号	指标	单位	缩写	计算公式	值
（一）基础数据					
列 A	地区	—	—	—	四川
列 B	年份	—	—	—	2019
列 C	生麻（麻皮）产量	万吨	EY	已知	3.165 5
列 D	种植面积	万公顷	PA	已知	1.721 0
（二）参数确定					
列 E	新鲜麻皮含水量	%	W_1	经验值 / 实测数据	80.000 0
列 F	新鲜麻秆含水量	%	W_2	经验值 / 实测数据	80.000 0
列 G	新鲜根系含水量	%	W_3	经验值 / 实测数据	80.000 0
列 H	晒干麻皮含水量	%	WE	经验值 / 实测数据	10.000 0
列 I	麻皮碳含量	%	CCE	经验值 / 实测数据	45.000 0
列 J	麻秆碳含量	%	CCAN	经验值 / 实测数据	43.350 0
列 K	根系碳含量	%	CCU	经验值 / 实测数据	43.370 0
列 L	经济系数	—	REA	经验值 / 实测数据	0.340 0
列 M	根冠比	—	RUA	经验值 / 实测数据	0.200 0
（三）过程计算					
列 N	麻皮鲜重	万吨	FE	DE $\div$（1$-W_1$）	14.244 8
列 O	麻秆鲜重	万吨	FAN	DAN $\div$（1$-W_2$）	27.651 6
列 P	地上部鲜重	万吨	FA	FE+FAN	41.896 3

续表

列号	指标	单位	缩写	计算公式	值
列 Q	地下部鲜重	万吨	FU	$DU \div (1-W_3)$	8.379 3
列 R	麻皮干重	万吨	DE	$EY \times (1-WE)$	2.849 0
列 S	麻秆干重	万吨	DAN	$DA-DE$	5.530 3
列 T	地上部干重	万吨	DA	$DE \div REA$	8.379 3
列 U	地下部干重	万吨	DU	$DA \times RUA$	1.675 9
列 V	麻皮碳储量	万吨	CE	$DE \times CCE$	1.282 0
列 W	麻秆碳储量	万吨	CAN	$DAN \times CCAN$	2.397 4
列 X	地上部碳储量	万吨	CA	$CE+CAN$	3.679 4
列 Y	地下部碳储量	万吨	CU	$DU \times CCU$	0.726 8
列 Z	植株总干重	万吨	TD	$DA+DU$	10.055 1

（四）估算结果

列 AA	碳吸收总量	万吨	TC	$CA+CU$	4.406 2
列 AB	碳吸收强度	吨/公顷	UC	$TC \div PA$	2.560 3

（五）其他参数

列 AC	单位面积生物量	吨/公顷	UD	$TD \div PA$	5.842 6
列 AD	碳经济效应	—	EE	$TC \div EY$	1.392 0

注：该表于 Excel 中转置后可用于多区域、多品种、多年份的麻类碳储量估算。

第十章 甘蔗碳吸收模型

一、评价基准

品种基准：甘蔗（*Saccharum officinarum* L），属于禾本科甘蔗属，是一种多年生热带和亚热带高大实心草本植物，根状茎粗壮发达。本书以四川主推品种"川蔗23"为基准进行甘蔗特性评价，平均发株数为 11 600 ～ 11 900 苗 / 亩，植株较高，一般为 250 ～ 300 厘米，高的超过 350 厘米；茎径较大，多年多点平均茎径 2.89 ～ 3.20 厘米，最大达 4.10 厘米；单株重 1.59 ～ 2.13 千克，最重达 2.82 千克；有效茎较多，多年多点平均为 5 085 ～ 6 185 株 / 亩，最高的达 7 800 株 / 亩；甘蔗产量较高，多年多点平均单产 10 366 ～ 11 097 千克 / 亩，最高达 13 798 千克 / 亩。亩放种 4 500 ～ 5 000 个双芽苗。

产量基准：本书以 2019 年的产量数据为基准，参考部分实测数据进行碳储量的估算。根据国家统计局制定的《农林牧渔业统计报表制度（2020）》对调查方法的定义，甘蔗产量以收获的新鲜蔗茎质量计算。

二、关键指标

鲜重：①甘蔗地上部鲜重（FA），甘蔗收获时植株地上部分在自然状态下的质量，包括甘蔗茎鲜重和甘蔗叶鲜重，单位为万吨。②甘蔗茎鲜重（FE），甘蔗收获后，甘蔗茎未经加工及其他任何处理的自然状态下的质量，单位为万吨。③甘蔗叶鲜重（FAN），甘蔗收获后剩下的甘蔗叶未经加工及其他任何处理的自然状态下的质量，单位为万吨。④甘蔗地下部（根系）鲜重（FU），甘蔗收获时根系在自然状态下的质量，单位为万吨。

甘蔗产量（EY）：甘蔗晒干后按标准含水量计算的甘蔗质量。单位为万吨。

干重：指植物组织除去自由水以后的质量，一般为植物组织经105℃杀青、75℃烘干至恒定的质量。单位为万吨。包括植株总干重（TD）、甘蔗茎干重（DE）、甘蔗叶干重（DAN）、地上部干重（DA）和地下部（根系）干重（DU）。

单位面积生物量（UD）：植株总干重（TD）与种植面积（PA）之比。单位为吨/公顷。

植被碳储量：甘蔗在生长发育过程中通过固定大气中游离的二氧化碳，将大气中的碳转化为有机物储存在植株内，植被碳储量即为该过程中植株内碳素的储存量。单位为万吨。收获时模型包括4个碳储量相关指标，分别为甘蔗茎碳储量（CE）、甘蔗叶碳储量（CAN）、地上部碳储量（CA）、地下部（根系）碳储量（CU）。

甘蔗碳吸收总量（整株碳储量，TC）：甘蔗在生长过程中将游离的二氧化碳固定、转化为碳素储存在植株体内，碳吸收总量即为整株碳素总储存量。单位为万吨。

碳吸收强度（UC）：甘蔗收获时，单位面积甘蔗植株的碳固定量。单位为吨 / 公顷。

碳经济效应（EE）：生产单位质量甘蔗可固定的碳量。

三、关键系数

经济系数（REA）：也称收获指数，指经济产量与生物产量的比值。此处经济产量为甘蔗茎干重，生物产量为甘蔗植株地上部干重。甘蔗的经济系数可取 0.685［根据杨荣仲等（2019）的研究数据确定］。

含水量：指甘蔗组织中水分质量占总质量的百分比，以鲜重为基数表示。

新鲜组织含水量：指甘蔗收获时，将植株分为甘蔗茎、甘蔗叶、根系 3 个部分，各部分在未经任何加工处理的自然状态下的含水量。其中，新鲜甘蔗茎含水量（W_1），无实测值时，可取值 83%；新鲜甘蔗叶含水量（W_2），无实测值时，可取值 83%；新鲜根系含水量（W_3），无实测值时，可取值 80%。

碳含量：指碳素占植株 / 某组织的质量百分比，用以衡量作物吸收固定二氧化碳的能力。甘蔗茎碳含量（CCE），无实测值时，可取值 45.00%；甘蔗叶碳含量（CCAN），无实测值时，可取值 40.39%；根系碳含量（CCU），无实测值时，可取值 45.00%。

根冠比（RUA）：甘蔗收获时，地下部与地上部干物重的比值，可取值 0.12。

四、模型构建

甘蔗碳吸收模型构建的技术路线图见图 10。

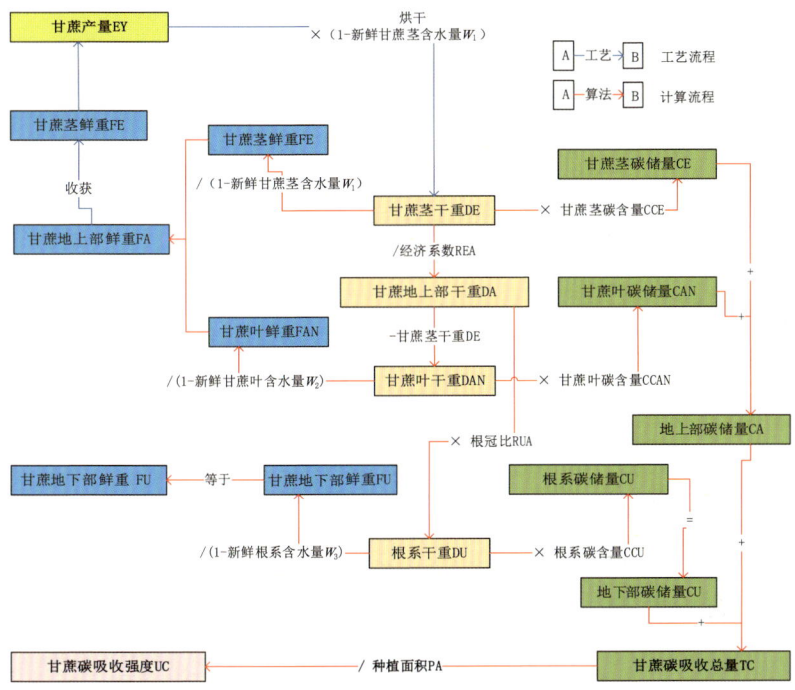

图 10 甘蔗碳吸收模型构建技术路线图

（一）甘蔗各组织干重的计算

$$DE = EY \times (1 - W_1) \qquad\qquad 公式 10\text{-}1$$

$$DA = DE \div REA \qquad\qquad 公式 10\text{-}2$$

$$DAN = DA - DE \qquad\qquad 公式 10\text{-}3$$

$$DU = DA \times RUA \qquad\qquad 公式 10\text{-}4$$

$$TD=DA+DU \qquad \text{公式 10-5}$$

$$UD=TD \div PA \qquad \text{公式 10-6}$$

式中，DE 表示甘蔗茎干重；EY 表示甘蔗产量；W_1 表示新鲜甘蔗茎含水量；DA 表示植株地上部干重；REA 表示经济系数；DAN 表示甘蔗叶干重；DU 表示植株地下部干重；RUA 表示植株根冠比；TD 表示植株总干重；UD 表示单位面积生物量；PA 表示种植面积。

（二）甘蔗各组织鲜重的计算

$$FE=DE \div (1-W_1) \qquad \text{公式 10-7}$$

$$FAN=DAN \div (1-W_2) \qquad \text{公式 10-8}$$

$$FA=FE+FAN \qquad \text{公式 10-9}$$

$$FU=DU \div (1-W_3) \qquad \text{公式 10-10}$$

式中，FE 表示甘蔗茎鲜重；DE 表示甘蔗茎干重；W_1 表示新鲜甘蔗茎含水量；FAN 表示甘蔗叶鲜重；DAN 表示甘蔗叶干重；W_2 表示新鲜甘蔗叶含水量；FA 表示甘蔗植株地上部鲜重；FU 表示甘蔗植株地下部（根系）鲜重；DU 表示植株地下部干重；W_3 表示新鲜根系含水量。

（三）甘蔗各组织碳储量的计算

$$CE=DE \times CCE \qquad \text{公式 10-11}$$

$$CAN=DAN \times CCAN \qquad \text{公式 10-12}$$

$$CA=CE+CAN \qquad \text{公式 10-13}$$

$$CU=DU \times CCU \qquad \text{公式 10-14}$$

$$TC=CA+CU \qquad \text{公式 10-15}$$

式中，CE 表示甘蔗茎碳储量；DE 表示甘蔗茎干重；CCE 表示甘蔗茎碳含量；CAN 表示甘蔗叶碳储量；DAN 表示甘蔗叶干重；CCAN 表示甘蔗叶碳含量；CA 表示地上部碳储量；CU 表示地下部碳储量；DU 表示植株地下部干重；CCU 表示根系碳含量；TC 表示植株碳吸收总量。

（四）碳吸收强度和碳经济效应的计算

$$UC = TC \div PA \qquad \text{公式 10–16}$$

$$EE = TC \div EY \qquad \text{公式 10–17}$$

式中，UC 表示甘蔗植株碳吸收强度；TC 表示甘蔗植株碳吸收总量；PA 表示甘蔗种植面积；EE 表示碳经济效应；EY 表示甘蔗产量。

五、模型应用

根据碳经济效应（EE）的定义及表 10 的计算模型，甘蔗植株碳储量与产量之间存在特定的数量关系，在没有取得生物量、含水量、碳含量等相关实测数据的情况下，依据该系数可快速评估甘蔗碳吸收能力，由公式 $TC = EY \times 0.121\,5$ 计算得出。

表 10　甘蔗碳吸收能力计算模型（Excel 公式版）

列号	指标	单位	缩写	计算公式	值
（一）基础数据					
列 A	地区	—	—	—	四川
列 B	年份	—	—	—	2019
列 C	甘蔗产量	万吨	EY	已知	37.183 9

续表

列号	指标	单位	缩写	计算公式	值
列 D	种植面积	万公顷	PA	已知	0.961 3
（二）参数确定					
列 E	新鲜甘蔗茎含水量	%	W_1	经验值/实测数据	83.000 0
列 F	新鲜甘蔗叶含水量	%	W_2	经验值/实测数据	83.000 0
列 G	新鲜根系含水量	%	W_3	经验值/实测数据	80.000 0
列 I	甘蔗茎碳含量	%	CCE	经验值/实测数据	45.000 0
列 J	甘蔗叶碳含量	%	CCAN	经验值/实测数据	40.390 0
列 K	根系碳含量	%	CCU	经验值/实测数据	45.000 0
列 L	经济系数	—	REA	经验值/实测数据	0.685 0
列 M	根冠比	—	RUA	经验值/实测数据	0.120 0
（三）过程计算					
列 N	甘蔗茎鲜重	万吨	FE	$DE \div (1-W_1)$	37.183 9
列 O	甘蔗叶鲜重	万吨	FAN	$DAN \div (1-W_2)$	17.099 2
列 P	地上部鲜重	万吨	FA	FE+FAN	54.283 1
列 Q	地下部鲜重	万吨	FU	$DU \div (1-W_3)$	5.536 9
列 R	甘蔗茎干重	万吨	DE	$EY \times (1-W_1)$	6.321 3
列 S	甘蔗叶干重	万吨	DAN	DA−DE	2.906 9
列 T	地上部干重	万吨	DA	$DE \div REA$	9.228 1
列 U	地下部干重	万吨	DU	$DA \times RUA$	1.107 4

续表

列号	指标	单位	缩写	计算公式	值
列 V	甘蔗茎碳储量	万吨	CE	DE × CCE	2.844 6
列 W	甘蔗叶碳储量	万吨	CAN	DAN × CCAN	1.174 1
列 X	地上部碳储量	万吨	CA	CE+CAN	4.018 6
列 Y	地下部碳储量	万吨	CU	DU × CCU	0.498 3
列 Z	植株总干重	万吨	TD	DA+DU	10.335 5
（四）估算结果					
列 AA	碳吸收总量	万吨	TC	CA+CU	4.517 0
列 AB	碳吸收强度	吨/公顷	UC	TC ÷ PA	4.698 8
（五）其他参数					
列 AC	单位面积生物量	吨/公顷	UD	TD ÷ PA	10.751 6
列 AD	碳经济效应	—	EE	TC ÷ EY	0.121 5

注：该表于 Excel 中转置后可用于多区域、多品种、多年份的甘蔗碳储量估算。

第十一章　烟草碳吸收模型

一、评价基准

品种基准： 烟草（*Nicotiana tabacum* L.），为茄科烟草属草本植物，基部稍木质化。烟草为一年生或有限多年生，全体被腺毛；根粗壮，茎高 0.7 ～ 2 米。本书以四川主推品种"云烟87"为基准进行烟草特性评价，平均亩产量 174.2 千克。自然株高 178 ～ 185 厘米，打顶株高 110 ～ 118 厘米，大田着生叶数 25 ～ 27 片，有效叶数 18 ～ 20 片；腰叶长椭圆形，长 73 ～ 82 厘米，宽 28.2 ～ 34 厘米。节距 5.5 ～ 6.5 厘米。栽植密度为田烟 1 100 株，地烟 1 200 株，留叶数 20 ～ 21 片。

产量基准： 本书以 2019 年的产量数据为基准，参考部分实测数据进行碳储量的估算。根据国家统计局制定的《农林牧渔业统计报表制度（2020）》对调查方法的定义，烟草产量以收获后晒干的烟叶质量计算。晒干后的烟叶依然保持一定的水分。本计算模型中，将非利用部分烟叶作为茎秆的一部分参与计算。

二、关键指标

鲜重：①烟草地上部鲜重（FA），烟草收获时植株地上部分在自然状态下的质量，包括烟叶鲜重和茎秆鲜重，单位为万吨。②烟叶鲜重（FE），烟草收获后，烟叶未经加工、晒干等任何处理的自然状态下的质量，单位为万吨。③茎秆鲜重（FAN），烟草收获后剩下的茎秆、非利用部分烟叶未经加工、晒干等任何处理的自然状态下的质量，单位为万吨。④烟草地下部（根系）鲜重（FU），烟草收获时根系在自然状态下的质量，单位为万吨。

烟叶（晒干烟草）产量（EY）：指烟叶晒干后按标准含水量计算的烟叶质量。单位为万吨。

干重：指植物组织除去自由水以后的质量，一般为植物组织经105℃杀青、75℃烘干至恒定的质量。单位为万吨。包括植株总干重（TD）、烟叶干重（DE）、茎秆干重（DAN）、地上部干重（DA）和地下部（根系）干重（DU）。

单位面积生物量（UD）：植株总干重（TD）与种植面积（PA）之比。单位为吨/公顷。

植被碳储量：烟草在生长发育过程中通过固定大气中游离的二氧化碳，将大气中的碳转化为有机物储存在植株内，植被碳储量即为该过程中植株内碳素的储存量。单位为万吨。收获时模型包括4个碳储量相关指标，分别为烟叶碳储量（CE）、茎秆碳储量（CAN）、地上部碳储量（CA）、地下部（根系）碳储量（CU）。

烟草碳吸收总量（整株碳储量，TC）：烟草在生长过程中将游离的二氧化碳固定、转化为碳素储存在植株体内，碳吸收总量即为整株碳素总储存量。单位为万吨。

碳吸收强度（UC）：烟草收获时，单位面积烟草植株的碳固定量。单位为吨/公顷。

碳经济效应（EE）：生产单位质量烟叶可固定的碳量。

三、关键系数

经济系数（REA）：也称收获指数，指经济产量与生物产量的比值。此处经济产量为烟叶干重，生物产量为烟草植株地上部干重。烟草的经济系数通常为 0.55〔根据谢婷等（2021）的研究数据确定〕。

含水量：指烟草组织中水分质量占总质量的百分比，以鲜重为基数表示。烟草收获后，烟叶需经过晾晒，晒干烟叶仍含有一定的水分。因此，烟叶含水量包括新鲜烟叶含水量（W_1）和晒干烟叶含水量（WE）两个参数。

新鲜组织含水量：指烟草收获时，将植株分为烟叶、茎秆、根系 3 个部分，各部分在未经任何加工处理的自然状态下的含水量。其中，新鲜烟叶含水量（W_1），无实测值时，可取值 80%；新鲜茎秆含水量（W_2），无实测值时，可取值 80%；新鲜根系含水量（W_3），无实测值时，可取值 80%。

晒干烟叶含水量（WE）：烟草收获后，烟叶经晾晒处理后的水分含量，无实测值时，可取值 17%。

碳含量：指碳素占植株/某组织的质量百分比，用以衡量作物吸收固定二氧化碳的能力。烟叶碳含量（CCE），无实测值时，可取值 45%；茎秆碳含量（CCAN），无实测值时，可取值 45%；根系碳含量（CCU），无实测值时，可取值 44%。

根冠比（RUA）：烟草收获时，地下部与地上部干物重的比值，可取值 0.32。

四、模型构建

烟草碳吸收模型构建的技术路线图见图 11。

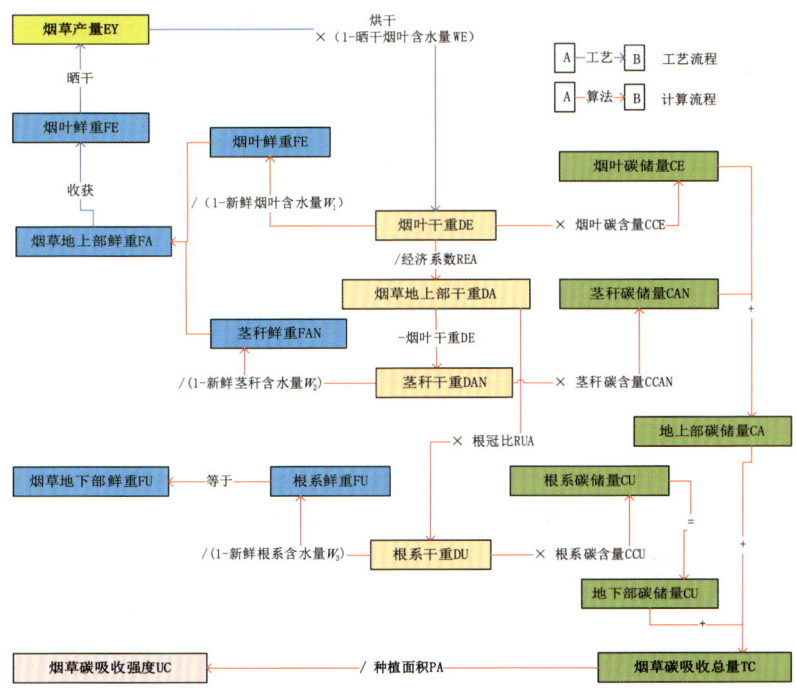

图 11　烟草碳吸收模型构建技术路线图

（一）烟草各组织干重的计算

$$DE = EY \times (1 - WE) \qquad\qquad 公式\ 11\text{-}1$$

$$DA = DE \div REA \qquad\qquad 公式\ 11\text{-}2$$

$$DAN = DA - DE \qquad\qquad 公式\ 11\text{-}3$$

$$DU = DA \times RUA \qquad\qquad 公式\ 11\text{-}4$$

$$TD=DA+DU \qquad 公式 11-5$$

$$UD=TD \div PA \qquad 公式 11-6$$

式中，DE 表示烟叶干重；EY 表示烟叶（晒干烟草）产量；WE 表示晒干烟叶含水量；DA 表示植株地上部干重；REA 表示经济系数；DAN 表示茎秆干重；DU 表示植株地下部干重；RUA 表示植株根冠比；TD 表示植株总干重；UD 表示单位面积生物量；PA 表示烟草种植面积。

（二）烟草各组织鲜重的计算

$$FE=DE \div (1-W_1) \qquad 公式 11-7$$

$$FAN=DAN \div (1-W_2) \qquad 公式 11-8$$

$$FA=FE+FAN \qquad 公式 11-9$$

$$FU=DU \div (1-W_3) \qquad 公式 11-10$$

式中，FE 表示烟叶鲜重；DE 表示烟叶干重；W_1 表示新鲜烟叶含水量；FAN 表示茎秆鲜重；DAN 表示茎秆干重；W_2 表示新鲜茎秆含水量；FA 表示烟草植株地上部鲜重；FU 表示烟草植株地下部鲜重；DU 表示植株地下部干重；W_3 表示新鲜根系含水量。

（三）烟草各组织碳储量的计算

$$CE=DE \times CCE \qquad 公式 11-11$$

$$CAN=DAN \times CCAN \qquad 公式 11-12$$

$$CA=CE+CAN \qquad 公式 11-13$$

$$CU=DU \times CCU \qquad 公式 11-14$$

$$TC=CA+CU \qquad 公式 11-15$$

式中，CE 表示烟叶碳储量；DE 表示烟叶干重；CCE 表示烟叶碳含量；CAN 表示茎秆碳储量；DAN 表示茎秆干重；CCAN 表示茎秆碳含量；CA 表示地上部碳储量；CU 表示地下部碳储量；DU 表示植株地下部干重；CCU 表示根系碳含量；TC 表示植株碳吸收总量。

（四）碳吸收强度和碳经济效应的计算

$$UC=TC \div PA \qquad\qquad 公式\ 11\text{--}16$$

$$EE=TC \div EY \qquad\qquad 公式\ 11\text{--}17$$

式中，UC 表示烟草植株碳吸收强度；TC 表示烟草植株碳吸收总量；PA 表示烟草种植面积；EE 表示碳经济效应；EY 表示烟草（晒干烟草）产量。

五、模型应用

根据碳经济效应（EE）的定义及表 11 的计算模型，烟草植株碳储量与产量之间存在特定的数量关系，在没有取得生物量、含水量、碳含量等相关实测数据的情况下，依据该系数可快速评估烟草碳吸收能力，由公式 TC=EY × 0.891 6 计算得出。

表 11　烟草碳吸收能力计算模型（Excel 公式版）

列号	指标	单位	缩写	计算公式	值
（一）基础数据					
列 A	地区	—	—	—	四川
列 B	年份	—	—	—	2019

续表

列号	指标	单位	缩写	计算公式	值
列C	烟草（晒干烟草）产量	万吨	EY	已知	16.037 0
列D	种植面积	万公顷	PA	已知	7.464 8
（二）参数确定					
列E	新鲜烟叶含水量	%	W_1	经验值/实测数据	80.000 0
列F	新鲜茎秆含水量	%	W_2	经验值/实测数据	80.000 0
列G	新鲜根系含水量	%	W_3	经验值/实测数据	80.000 0
列H	晒干烟叶含水量	%	WE	经验值/实测数据	17.000 0
列I	烟叶碳含量	%	CCE	经验值/实测数据	45.000 0
列J	茎秆碳含量	%	CCAN	经验值/实测数据	45.000 0
列K	根系碳含量	%	CCU	经验值/实测数据	44.000 0
列L	经济系数	—	REA	经验值/实测数据	0.550 0
列M	根冠比	—	RUA	经验值/实测数据	0.320 0
（三）过程计算					
列N	烟叶鲜重	万吨	FE	DE÷（$1-W_1$）	66.553 6
列O	茎秆鲜重	万吨	FAN	DAN÷（$1-W_2$）	54.452 9
列P	地上部鲜重	万吨	FA	FE+FAN	121.006 5
列Q	地下部鲜重	万吨	FU	DU÷（$1-W_3$）	38.722 1
列R	烟叶干重	万吨	DE	EY×（1−WE）	13.310 7
列S	茎秆干重	万吨	DAN	DA−DE	10.890 6

续表

列号	指标	单位	缩写	计算公式	值
列 T	地上部干重	万吨	DA	DE÷REA	24.201 3
列 U	地下部干重	万吨	DU	DA×RUA	7.744 4
列 V	烟叶碳储量	万吨	CE	DE×CCE	5.989 8
列 W	茎秆碳储量	万吨	CAN	DAN×CCAN	4.900 8
列 X	地上部碳储量	万吨	CA	CE+CAN	10.890 6
列 Y	地下部碳储量	万吨	CU	DU×CCU	3.407 5
列 Z	植株总干重	万吨	TD	DA+DU	31.945 7
（四）估算结果					
列 AA	碳吸收总量	万吨	TC	CA+CU	14.298 1
列 AB	碳吸收强度	吨/公顷	UC	TC÷PA	1.915 4
（五）其他参数					
列 AC	单位面积生物量	吨/公顷	UD	TD÷PA	4.279 5
列 AD	碳经济效应	—	EE	TC÷EY	0.891 6

注：该表于 Excel 中转置后可用于多区域、多品种、多年份的烟草碳储量估算。

第十二章　茶叶碳吸收模型

一、评价基准

品种基准：茶叶，指茶树的叶子和芽，农业上种植茶树以收获茶叶用于泡制茶汤和饮料。茶树 [*Camellia sinensis*（L.) Kuntze.]，为山茶科山茶属灌木或小乔木，嫩枝无毛或有稀疏微毛。叶薄革质，椭圆状披针形或长椭圆形，叶脉明显，背面有时有毛，先端钝尖。本书以四川主推品种"福鼎大白"为基准进行茶树特性评价，茶树高 1.5～2.0 米，幅宽1.6～2.0 米，种植密度 ≤ 9 万株 / 公顷。通常大 12.0 厘米×5.4 厘米，长宽比平均为 2.2。一芽二叶长 5.1 厘米，百芽重 23.0 克。

产量基准：本书以 2019 年的产量数据为基准，参考部分实测数据进行碳储量的估算。根据国家统计局制定的《农林牧渔业统计报表制度（2020）》对调查方法的定义，茶叶产量按经过初步加工的干毛茶的质量计算，包括从成片茶园和零星种植的茶树及荒芜未垦复的茶树上所采摘茶叶的全部产量。干毛茶含有一定的水分。本计算模型中，将其他未利用部分的茶叶作为树枝的一部分参与计算。

二、关键指标

鲜重：①茶树地上部鲜重（FA），茶树收获时植株地上部分在自然状态下的质量，包括茶叶鲜重和树枝鲜重，单位为万吨。②茶叶鲜重（FE），茶树收获后，茶叶未经加工、烘干等任何处理的自然状态下的质量，单位为万吨。③树枝鲜重（FAN），茶树收获后剩下的树枝，非利用部分茶叶未经加工、烘干等任何处理的自然状态下的质量，单位为万吨。④茶树地下部鲜重（FU），茶树收获时根系在自然状态下的质量，单位为万吨。

茶叶（干毛茶）产量（EY）：指茶叶晒干后按标准含水量计算的茶叶产量。单位为万吨。

干重：指植物组织除去自由水以后的质量，一般为植物组织经 105℃杀青、75℃烘干至恒定的质量。单位为万吨。包括植株总干重（TD）、茶叶干重（DE）、树枝干重（DAN）、地上部干重（DA）和地下部（根系）干重（DU）。

单位面积生物量（UD）：植株总干重（TD）与种植面积（PA）之比。单位为吨/公顷。

植被碳储量：茶树在生长发育过程中通过固定大气中游离的二氧化碳，将大气中的碳转化为有机物储存在植株内，植被碳储量即为该过程中植株内碳素的储存量。单位为万吨。收获时模型包括 4 个碳储量相关指标，分别为茶叶碳储量（CE）、树枝碳储量（CAN）、地上部碳储量（CA）、地下部（根系）碳储量（CU）。

茶树碳吸收总量（整株碳储量，TC）：茶树在生长过程中将游离的二氧化碳固定、转化为碳素储存在植株体内，碳吸收总量即为整株碳素总储存量。单位为万吨。

碳吸收强度（UC）：茶树收获时，单位面积茶园植株的碳固定量。单位为吨/公顷。

碳经济效应（EE）：生产单位质量干茶叶可固定的碳量。

三、关键系数

经济系数（REA）：也称收获指数，指经济产量与生物产量的比值。此处经济产量为茶叶干重，生物产量为茶树植株地上部干重。茶树的经济系数可取 0.20〔根据张敏等（2013）的研究数据确定〕。

含水量：指茶树组织中水分质量占总质量的百分比，以鲜重为基数表示。茶树收获后，茶叶需经过烘干至含有一定水分制成干毛茶，因此，茶叶含水量分为新鲜茶叶含水量（W_1）和干茶叶含水量两个参数。

新鲜组织含水量：指茶叶收获时，将植株分为茶叶、树枝、根系 3 个部分，各部分在未经任何加工处理的自然状态下的含水量。其中，新鲜茶叶含水量，无实测值时，可取值 75%；新鲜树枝含水量（W_2），无实测值时，可取值 60%；新鲜根系含水量（W_3），无实测值时，可取值 70%。

干茶叶含水量（WE）：指茶树收获后，茶叶经烘干处理后的水分含量，无实测值时，可取值 5%。

碳含量：指碳素占植株/某组织的质量百分比，用以衡量作物吸收固定二氧化碳的能力。茶叶碳含量（CCE），无实测值时，可取值 47.80%；树枝碳含量（CCAN），无实测值时，可取值 48.60%；根系碳含量（CCU），无实测值时，可取值 40.70%。

根冠比（RUA）：茶树收获时，地下部与地上部干物重的比值，可取值 0.50。

四、模型构建

茶叶碳吸收模型构建的技术路线图见图 12。

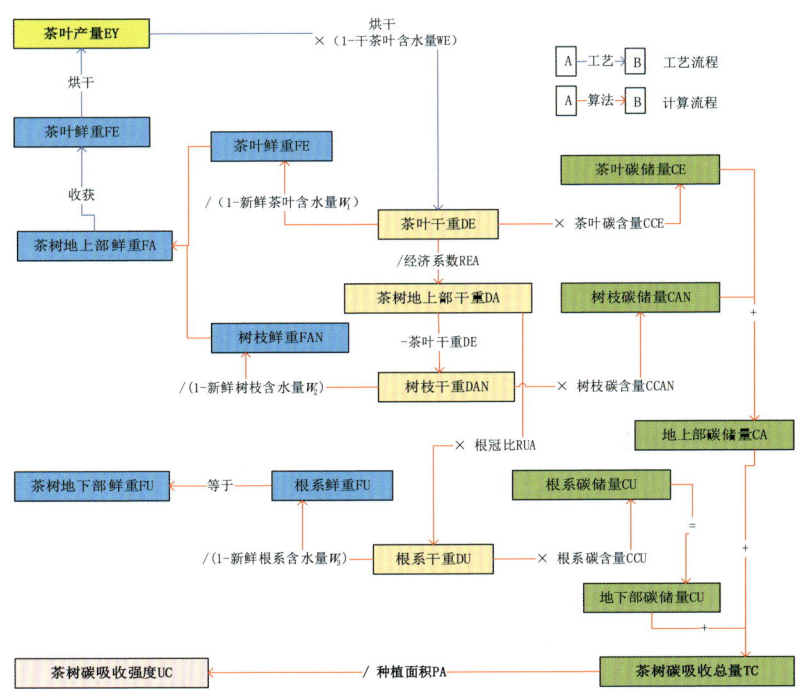

图 12 茶叶碳吸收模型构建技术路线图

（一）茶树各组织干重的计算

$$DE=EY \times (1-WE)$$

公式 12-1

$$DA=DE \div REA \qquad 公式\ 12\text{-}2$$

$$DAN=DA-DE \qquad 公式\ 12\text{-}3$$

$$DU=DA \times RUA \qquad 公式\ 12\text{-}4$$

$$TD=DA+DU \qquad 公式\ 12\text{-}5$$

$$UD=TD \div PA \qquad 公式\ 12\text{-}6$$

式中，DE 表示茶叶干重；EY 表示茶叶（干毛茶）产量；WE 表示干茶叶含水量；DA 表示植株地上部干重；REA 表示经济系数；DAN 表示树枝干重；DU 表示植株地下部干重；RUA 表示植株根冠比；TD 表示植株总干重；UD 表示单位面积生物量；PA 表示茶园面积。

（二）茶树各组织鲜重的计算

$$FE=DE \div （1-W_1） \qquad 公式\ 12\text{-}7$$

$$FAN=DAN \div （1-W_2） \qquad 公式\ 12\text{-}8$$

$$FA=FE+FAN \qquad 公式\ 12\text{-}9$$

$$FU=DU \div （1-W_3） \qquad 公式\ 12\text{-}10$$

式中，FE 表示茶叶鲜重；DE 表示茶叶干重；W_1 表示新鲜茶叶含水量；FAN 表示树枝鲜重；DAN 表示树枝干重；W_2 表示新鲜树枝含水量；FA 表示茶叶植株地上部鲜重；FU 表示茶叶植株地下部鲜重；DU 表示植株地下部干重；W_3 表示新鲜根系含水量。

（三）茶树各组织碳储量的计算

$$CE=DE \times CCE \qquad 公式\ 12\text{-}11$$

$$CAN=DAN \times CCAN \qquad 公式\ 12\text{-}12$$

$$CA=CE+CAN \qquad 公式\ 12\text{-}13$$

$$CU=DU \times CCU \qquad\qquad 公式\ 12-14$$

$$TC=CA+CU \qquad\qquad 公式\ 12-15$$

式中，CE 表示茶叶碳储量；DE 表示茶叶干重；CCE 表示茶叶碳含量；CAN 表示树枝碳储量；DAN 表示树枝干重；CCAN 表示树枝碳含量；CA 表示地上部碳储量；CU 表示地下部碳储量；DU 表示植株地下部干重；CCU 表示根系碳含量；TC 表示植株碳吸收总量。

（四）碳吸收强度和碳经济效应的计算

$$UC=TC \div PA \qquad\qquad 公式\ 12-16$$

$$EE=TC \div EY \qquad\qquad 公式\ 12-17$$

式中，UC 表示茶树植株碳吸收强度；TC 表示茶树植株碳吸收总量；PA 表示茶树种植面积；EE 表示碳经济效应；EY 表示茶叶（干毛茶）产量。

五、模型应用

根据碳经济效应（EE）的定义及表 12 的计算模型，茶树植株碳储量与茶叶产量之间存在特定的数量关系，在没有取得生物量、含水量、碳含量等相关实测数据的情况下，依据该系数可快速评估茶树碳吸收能力，由公式 TC=EY × 3.267 5 计算得出。

表 12　茶叶碳吸收能力计算模型（Excel 公式版）

列号	指标	单位	缩写	计算公式	值
			（一）基础数据		
列 A	地区	—	—	—	四川

续表

列号	指标	单位	缩写	计算公式	值
列 B	年份	—	—	—	2019
列 C	茶叶(干毛茶)产量	万吨	EY	已知	32.536 3
列 D	种植面积	万公顷	PA	已知	38.700 0

（二）参数确定

列号	指标	单位	缩写	计算公式	值
列 E	新鲜茶叶含水量	%	W_1	经验值/实测数据	75.000 0
列 F	新鲜树枝含水量	%	W_2	经验值/实测数据	60.000 0
列 G	新鲜根系含水量	%	W_3	经验值/实测数据	70.000 0
列 H	干茶叶含水量	%	WE	经验值/实测数据	5.000 0
列 I	茶叶碳含量	%	CCE	经验值/实测数据	47.800 0
列 J	树枝碳含量	%	CCAN	经验值/实测数据	48.600 0
列 K	根系碳含量	%	CCU	经验值/实测数据	40.700 0
列 L	经济系数	—	REA	经验值/实测数据	0.200 0
列 M	根冠比	—	RUA	经验值/实测数据	0.500 0

（三）过程计算

列号	指标	单位	缩写	计算公式	值
列 N	茶叶鲜重	万吨	FE	DE÷（1−W_1）	123.637 9
列 O	树枝鲜重	万吨	FAN	DAN÷（1−W_2）	309.094 9
列 P	地上部鲜重	万吨	FA	FE+FAN	432.732 8
列 Q	地下部鲜重	万吨	FU	DU÷（1−W_3）	257.579 0
列 R	茶叶干重	万吨	DE	EY×（1−WE）	30.909 5

续表

列号	指标	单位	缩写	计算公式	值
列 S	树枝干重	万吨	DAN	DA−DE	123.637 9
列 T	地上部干重	万吨	DA	DE ÷ REA	154.547 4
列 U	地下部干重	万吨	DU	DA × RUA	77.273 7
列 V	茶叶碳储量	万吨	CE	DE × CCE	14.774 7
列 W	树枝碳储量	万吨	CAN	DAN × CCAN	60.088 0
列 X	地上部碳储量	万吨	CA	CE+CAN	74.862 8
列 Y	地下部碳储量	万吨	CU	DU × CCU	31.450 4
列 Z	植株总干重	万吨	TD	DA+DU	231.821 1
（四）估算结果					
列 AA	碳吸收总量	万吨	TC	CA+CU	106.313 2
列 AB	碳吸收强度	吨 / 公顷	UC	TC ÷ PA	2.747 1
（五）其他参数					
列 AC	单位面积生物量	吨 / 公顷	UD	TD ÷ PA	5.990 2
列 AD	碳经济效应	—	EE	TC ÷ EY	3.267 5

注：该表于 Excel 中转置后可用于多区域、多品种、多年份的茶树碳储量估算。

第十三章 桑树碳吸收模型

一、评价基准

品种基准：桑树（*Morus alba* L.），为桑科桑属的多年生落叶乔木或灌木，可连续收获 10 年以上，树高 3 ~ 10 米或更高，胸径可达 50 厘米。按照利用方式可分为叶用桑和果叶兼用桑。本书以四川主推叶用桑品种"强桑 1 号"为基准进行桑树特性评价。该品种树形直立，树冠紧凑，枝条粗长，侧枝少，节距 3.6 ~ 3.9 厘米；发条数中等，长势旺盛，皮色青绿；冬芽长三角形，深褐色，贴生或稍离，有副芽；成熟叶深绿色、长心形，叶形大，叶长 27.6 厘米，叶幅 20.1 厘米，叶肉厚（55 ~ 70 片 /500 克，3.9 克 /100 厘米²），叶面平滑，光泽强，叶片着叶稍下垂，叶炳长 5.8 厘米。每亩栽植 800 株左右。

产量基准：本书以 2019 年的产量数据为基准，参考部分实测数据进行碳储量的估算。桑树产量以收获后新鲜桑叶质量计算，但由于目前统计资料中缺乏对桑叶产量的记录，在实际生产中，获得 1 单位产量（1 千克）蚕茧所需要的新鲜桑叶量通常为 15 千克，故本书中桑树产量根据蚕茧产量（四川 2019 年蚕茧产量 9.65 万吨）换算而来。本计算模型中，将非利用部分桑叶作为桑枝的一部分参与计算。

二、关键指标

鲜重： ①桑树地上部鲜重（FA），桑树收获时植株地上部分在自然状态下的质量，包括桑叶鲜重和桑枝鲜重，单位为万吨。②桑叶鲜重（FE），桑叶收获后，未经加工、晒干等任何处理的自然状态下的质量，单位为万吨。③桑枝鲜重（FAN），桑叶收获后剩下的枝条、非利用部分桑叶未经加工、晒干等任何处理的自然状态下的质量，单位为万吨。④桑树地下部鲜重（FU），桑叶收获时根系在自然状态下的质量，单位为万吨。

桑树（新鲜桑叶）产量（EY）： 桑叶产量，为收获得后用于生产蚕茧的新鲜桑叶质量。单位为万吨。

干重： 指植物组织除去自由水以后的质量，一般为植物组织经 105℃杀青、75℃烘干至恒定的质量。单位为万吨。包括植株总干重（TD）、桑叶干重（DE）、桑枝干重（DAN）、地上部干重（DA）、地下部（根系）干重（DU）。

单位面积生物量（UD）： 植株总干重（TD）与种植面积（PA）之比。单位为吨/公顷。

植被碳储量： 桑树在生长发育过程中将游离的二氧化碳固定、转化为有机物储存在植株内，植被碳储量即为该过程中植株内碳素的储存量。单位为万吨。收获时模型包括 4 个碳储量相关指标，分别为桑叶碳储量（CE）、桑枝碳储量（CAN）、地上部碳储量（CA）、地下部（根系）碳储量（CU）。

桑树碳吸收总量（整株碳储量，TC）： 桑树在生长过程中将游离的二氧化碳固定、转化为碳素储存在植株体内，碳吸收总量即为整株碳素总储存量。单位为万吨。

碳吸收强度（UC）：桑叶收获时，单位面积桑树植株的碳固定量。单位为吨/公顷。

碳经济效应（EE）：生产单位质量桑叶可固定的碳量。

三、关键系数

经济系数（REA）：也称收获指数，指经济产量与生物产量的比值。此处经济产量为桑叶干重，生物产量为桑树植株地上部干重。桑树的经济系数通常为 0.5［根据王谢等（2022）的研究数据确定］。

含水量：指桑树组织中水分质量占总质量的百分比，以鲜重为基数表示。鲜重指桑树收获后，将植株分为桑叶、桑枝、根系 3 个部分，各部分在未经任何加工处理的自然状态下的含水量。其中，新鲜桑叶含水量（W_1），无实测值时，可取值 70%；新鲜桑枝含水量（W_2），无实测值时，可取值 60%；新鲜根系含水量（W_3），无实测值时，可取值 65%。

碳含量：指碳素占植株/某组织的质量百分比，用以衡量作物吸收固定二氧化碳的能力。桑叶碳含量（CCE），无实测值时，可取值 40%；桑枝碳含量（CCAN），无实测值时，可取值 50%；根系碳含量（CCU），无实测值时，可取值 50%。

根冠比（RUA）：桑树收获时，地下部与地上部干物重的比值，可取值 0.54。

四、模型构建

桑树碳吸收模型构建的技术路线图见图 13。

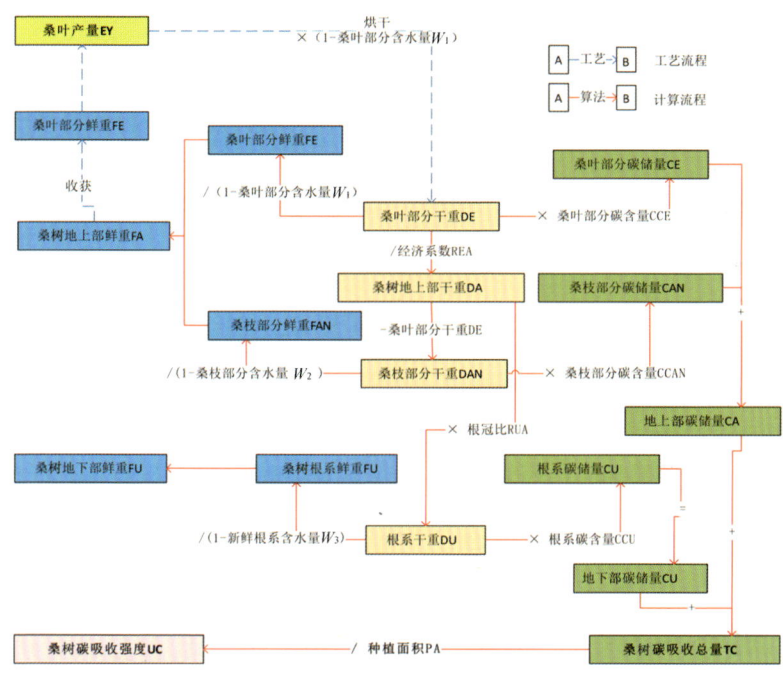

图 13　桑树碳吸收模型构建技术路线图

（一）桑树各组织干重的计算

$$DE=EY \times （1-W_1）\qquad 公式 13-1$$

$$DA=DE \div REA \qquad 公式 13-2$$

$$DAN=DA-DE \qquad 公式 13-3$$

$$DU=DA \times RUA \qquad 公式 13-4$$

$$TD=DA+DU \qquad 公式 13-5$$

$$UD=TD \div PA \qquad 公式 13-6$$

式中, DE 表示桑叶干重; EY 表示桑树（新鲜桑叶）产量; W_1 表示新鲜桑叶含水量; DA 表示植株地上部干重; REA 表示经济系数; DAN 表示桑枝干重; DU 表示植株地下部干重; RUA 表示植株根冠比; TD 表示植株总干重; UD 表示单位面积生物量; PA 表示桑树种植面积。

（二）桑树各组织鲜重的计算

$$FE = DE \div (1-W_1) \qquad 公式\ 13\text{-}7$$

$$FAN = DAN \div (1-W_2) \qquad 公式\ 13\text{-}8$$

$$FA = FE + FAN \qquad 公式\ 13\text{-}9$$

$$FU = DU \div (1-W_3) \qquad 公式\ 13\text{-}10$$

式中, FE 表示桑叶鲜重; DE 表示桑叶干重; W_1 表示新鲜桑叶含水量; FAN 表示桑枝鲜重; DAN 表示桑枝干重; W_2 表示新鲜桑枝含水量; FA 表示桑树地上部鲜重; FU 表示桑树地下部鲜重; DU 表示植株地下部干重; W_3 表示新鲜根系含水量。

（三）桑树各组织碳储量的计算

$$CE = DE \times CCE \qquad 公式\ 13\text{-}11$$

$$CAN = DAN \times CCAN \qquad 公式\ 13\text{-}12$$

$$CA = CE + CAN \qquad 公式\ 13\text{-}13$$

$$CU = DU \times CCU \qquad 公式\ 13\text{-}14$$

$$TC = CA + CU \qquad 公式\ 13\text{-}15$$

式中, CE 表示桑叶碳储量; DE 表示桑叶干重; CCE 表示桑叶碳含量; CAN 表示桑枝碳储量; DAN 表示桑枝干重; CCAN 表示桑枝碳含量; CA 表示地上部碳储量; CU 表示地下部碳储量; DU 表示植株地下部干重; CCU 表示根系碳含量; TC 表示植株碳吸收总量。

（四）碳吸收强度和碳经济效应的计算

$$UC=TC \div PA \qquad\qquad 公式\ 13-16$$
$$EE=TC \div EY \qquad\qquad 公式\ 13-17$$

式中，UC 表示桑树植株碳吸收强度；TC 表示桑树植株碳吸收总量；PA 表示桑树种植面积；EE 表示碳经济效应；EY 表示桑树（新鲜桑叶）产量。

五、模型应用

根据碳经济效应（EE）的定义及表 13 的计算模型，桑树植株碳储量与产量之间存在特定的数量关系，在没有取得生物量、含水量、碳含量等相关实测数据的情况下，依据该系数可快速评估桑树碳吸收能力，由公式 TC=EY × 0.432 0 计算得出。

表 13　桑树碳吸收能力计算模型（Excel 公式版）

列号	指标	单位	缩写	计算公式	值
（一）基础数据					
列 A	地区	—	—	—	四川
列 B	年份	—	—	—	2019
列 C	桑树（新鲜桑叶）产量	万吨	EY	已知	144.750 0
列 D	种植面积	万公顷	PA	已知	14.666 7
（二）参数确定					
列 E	新鲜桑叶含水量	%	W_1	经验值 / 实测数据	70.000 0
列 F	新鲜桑枝含水量	%	W_2	经验值 / 实测数据	60.000 0
列 G	新鲜根系含水量	%	W_3	经验值 / 实测数据	65.000 0
列 I	桑叶碳含量	%	CCE	经验值 / 实测数据	40.000 0

续表

列号	指标	单位	缩写	计算公式	值
列 J	桑枝碳含量	%	CCAN	经验值 / 实测数据	50.000 0
列 K	根系碳含量	%	CCU	经验值 / 实测数据	50.000 0
列 L	经济系数	—	REA	经验值 / 实测数据	0.500 0
列 M	根冠比	—	RUA	经验值 / 实测数据	0.540 0
（三）过程计算					
列 N	桑叶鲜重	万吨	FE	$DE \div (1-W_1)$	144.750 0
列 O	桑枝鲜重	万吨	FAN	$DAN \div (1-W_2)$	108.562 5
列 P	地上部鲜重	万吨	FA	$FE+FAN$	253.312 5
列 Q	地下部鲜重	万吨	FU	$DU \div (1-W_3)$	133.991 7
列 R	桑叶干重	万吨	DE	$EY \times (1-W_1)$	43.425 0
列 S	桑枝干重	万吨	DAN	$DA-DE$	43.425 0
列 T	地上部干重	万吨	DA	$DE \div REA$	86.850 0
列 U	地下部干重	万吨	DU	$DA \times RUA$	46.899 0
列 V	桑叶碳储量	万吨	CE	$DE \times CCE$	17.370 0
列 W	桑枝碳储量	万吨	CAN	$DAN \times CCAN$	21.712 5
列 X	地上部碳储量	万吨	CA	$CE+CAN$	39.082 5
列 Y	地下部碳储量	万吨	CU	$DU \times CCU$	23.449 5
列 Z	植株总干重	万吨	TD	$DA+DU$	133.749 0
（四）估算结果					
列 AA	碳吸收总量	万吨	TC	$CA+CU$	62.532 0
列 AB	碳吸收强度	吨 / 公顷	UC	$TC \div PA$	4.263 5
（五）其他参数					
列 AC	单位面积生物量	吨 / 公顷	UD	$TD \div PA$	9.119 2
列 AD	碳经济效应	—	EE	$TC \div EY$	0.432 0

注：该表于 Excel 中转置后可用于多区域、多品种、多年份的桑树碳储量估算。

第三部分

饲草作物篇

第十四章　饲草碳吸收模型

一、评价基准

品种基准：饲草（Forage）是指茎叶可作为食草动物饲料的草本植物。广义的饲草包括青饲料和作物。饲草收割后可作为鲜草、干草、青贮饲料使用或不收割直接放牧。刚收割的新鲜饲草含水量较高，不耐贮存，需要晾晒至一定水分含量以增加贮存安全性，并最大限度保留营养物质含量和适口性。本书主要针对收获地上部并以干草使用的饲草，以四川主推饲草品种"狼尾草"为基准进行饲草特性评价。狼尾草是多年生饲草，须根较粗壮；秆直立，丛生，高30～120厘米，在花序下密生柔毛；叶鞘光滑，两侧压扁，主脉呈脊，在基部者跨生状，秆上部者长于节间；叶舌具长约2.5毫米纤毛；叶片线形，长10～80厘米，宽3～8毫米，先端长渐尖，基部生疣毛。人工栽培密度为每亩4 000～5 000株，行距45厘米，株距20～25厘米。

　　产量基准：本书以 2019 年的产量数据为基准，参考部分实测数据进行碳储量的估算。饲草产量按收获后晾干的地上部质量计算，干草仍有一定的含水量。

二、关键指标

　　鲜重：①饲草地上部鲜重（FA），饲草收获时植株地上部分在自然状态下的质量，包括叶片、茎秆，单位为万吨。②饲草地下部鲜重（FU），饲草收获时根系在自然状态下的质量，单位为万吨。

　　饲草产量（EY）：收获的地上部经晾晒后的干草产量。单位为万吨。

　　干重：指植物组织除去自由水以后的质量，一般为植物组织经 105℃杀青、75℃烘干至恒定的质量。单位为万吨。包括植株总干重（TD）、饲草干重（DE）、地上部干重（DA）和地下部（根系）干重（DU）。

　　单位面积生物量（UD）：即植株总干重（TD）与种植面积（PA）之比。单位为吨/公顷。

　　植被碳储量：饲草在生长发育过程中将游离的二氧化碳固定、转化为有机物储存在植株内，植被碳储量即为该过程中植株内碳素的储存量。单位为万吨。收获时模型包括 2 个碳储量相关指标，分别为地上部碳储量（CA）和地下部（根系）碳储量（CU）。

　　饲草碳吸收总量（整株碳储量，TC）：饲草在生长过程中将游离的二氧化碳固定、转化为碳素储存在植株体内，碳吸收总量即为整株碳素总储存量。单位为万吨。

碳吸收强度（UC）：饲草收获时，单位面积饲草植株的碳固定量。单位为吨/公顷。

碳经济效应（EE）：生产单位质量饲草（干草）固定的碳量。

三、关键系数

经济系数（REA）：也称收获指数，指经济产量与生物产量的比值。此处经济产量和生物产量均为饲草地上部干重。大多数禾本科饲草收获时，收割全株地上部用于制作干草，故可粗略认为经济产量与生物产量相等，饲草的经济系数为1。

含水量：指饲草组织中水分质量占总质量的百分比，以鲜重为基数表示。鲜重指饲草收获时，将植株分为地上部、根系2个部分，各组织在未经任何加工处理的自然状态下的含水量。其中，新鲜地上部含水量（W_1），无实测值时，可取值85%；新鲜根系含水量（W_2），无实测值时，可取值75%；晾干贮存的饲草含水量（WE），无实测值时，可取值12%。

碳含量：指碳素占饲草植株/某组织的质量百分比，用以衡量作物吸收固定二氧化碳的能力。饲草地上部碳含量（CCA），无实测值时，可取值40.00%；根系碳含量（CCU），无实测值时，可取值38.00%。

根冠比（RUA）：饲草收获时，地下部与地上部干物重的比值，可取值0.35。

四、模型构建

饲草碳吸收模型构建的技术路线图见图14。

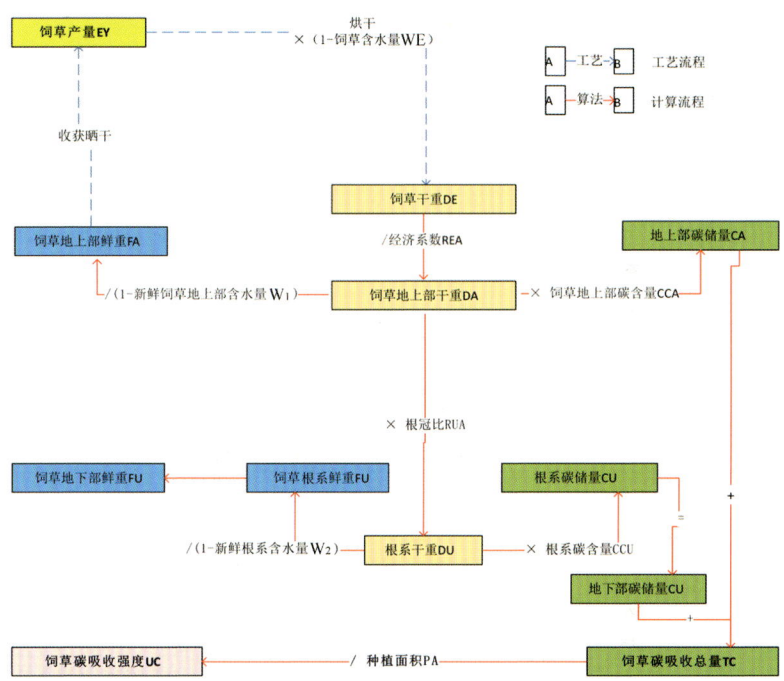

图14 饲草碳吸收模型构建技术路线图

（一）饲草各组织干重的计算

$$DE=EY \times （1-WE） \qquad 公式14-1$$

$$DA=DE \div REA \qquad 公式14-2$$

$$DU=DA \times RUA \qquad 公式14-3$$

$$TD=DA+DU \qquad 公式14-4$$

$$UD=TD \div PA \qquad 公式14-5$$

式中，DE 表示饲草干重；EY 表示饲草产量；WE 表示饲草含水量；DA 表示植株地上部干重；REA 表示经济系数；DU 表示植株地下部干重；RUA 表示植株根冠比；TD 表示植株总干重；UD 表示单位面积生物量；PA 表示饲草种植面积。

（二）饲草各组织鲜重的计算

$$FA=DA \div （1-W_1） \qquad 公式 14-6$$

$$FU=DU \div （1-W_2） \qquad 公式 14-7$$

式中，FA 表示饲草地上部鲜重；DA 表示饲草地上部干重；W_1 表示新鲜饲草地上部含水量；FU 表示饲草植株地下部鲜重；DU 表示植株地下部干重；W_2 表示新鲜饲草地下部含水量。

（三）饲草各组织碳储量的计算

$$CA=DA \times CCA \qquad 公式 14-8$$

$$CU=DU \times CCU \qquad 公式 14-9$$

$$TC=CA+CU \qquad 公式 14-10$$

式中，CA 表示饲草地上部碳储量；DA 表示饲草地上部干重；CCA 表示饲草地上部碳含量；CU 表示饲草地下部碳储量；DU 表示饲草地下部（根系）干重；CCU 表示根系碳含量；TC 表示饲草碳吸收总量。

（四）碳吸收强度和碳经济效应的计算

$$UC=TC \div PA \qquad 公式 14-11$$

$$EE=TC \div EY \qquad 公式 14-12$$

式中，UC 表示饲草植株碳吸收强度；TC 表示饲草植株碳吸收总量；PA 表示饲草种植面积；EE 表示碳经济效应；EY 表示饲草产量。

五、模型应用

根据碳经济效应（EE）的定义及表 14 的计算模型，饲草植株碳储量与产量之间存在特定的数量关系，在没有取得生物量、含水量、碳含量等相关实测数据的情况下，依据该系数可快速评估饲草碳吸收能力，由公式 $TC=EY \times 0.469\,0$ 计算得出。

表 14　饲草碳吸收能力计算模型（Excel 公式版）

列号	指标	单位	缩写	计算公式	值
（一）基础数据					
列 A	地区	—	—	—	四川
列 B	年份	—	—	—	2019
列 C	饲草产量	万吨	EY	已知	76.969 2
列 D	种植面积	万公顷	PA	已知	2.380 0
（二）参数确定					
列 E	新鲜地上部含水量	%	W_1	经验值 / 实测数据	85.000 0
列 F	新鲜根系含水量	%	W_2	经验值 / 实测数据	75.000 0
列 G	晾干饲草含水量	%	WE	经验值 / 实测数据	12.000 0
列 I	地上部碳含量	%	CCA	经验值 / 实测数据	40.000 0
列 J	根系碳含量	%	CCU	经验值 / 实测数据	38.000 0
列 K	经济系数	—	REA	经验值 / 实测数据	1.000 0
列 L	根冠比	—	RUA	经验值 / 实测数据	0.350 0

续表

列号	指标	单位	缩写	计算公式	值
（三）过程计算					
列 M	地上部鲜重	万吨	FA	DA÷（1−W_1）	451.552 6
列 N	地下部鲜重	万吨	FU	DU÷（1−W_2）	94.826 1
列 P	饲草干重	万吨	DE	EY×（1−WE）	67.732 9
列 Q	地上部干重	万吨	DA	DE÷REA	67.732 9
列 R	地下部干重	万吨	DU	DA×RUA	23.706 5
列 T	地上部碳储量	万吨	CA	DA×CCA	27.093 2
列 U	地下部碳储量	万吨	CU	DU×CCU	9.008 5
列 W	植株总干重	万吨	TD	DA+DU	91.439 4
（四）估算结果					
列 X	碳吸收总量	万吨	TC	CA+CU	36.101 7
列 Y	碳吸收强度	吨/公顷	UC	TC÷PA	15.168 8
（五）其他参数					
列 Z	单位面积生物量	吨/公顷	UD	TD÷PA	38.419 9
列 AA	碳经济效应	—	EE	TC÷EY	0.469 0

注：①该表于 Excel 中转置后可用于多区域、多品种、多年份的饲草碳储量估算；②该表适用于收获植株地上部后晾干贮存的饲草碳储量估算。

第四部分

其他作物篇

第十五章　蔬菜碳吸收模型

一、评价基准

　　品种基准：蔬菜（Vegetables），是指可供人类食用的一类植物或菌类，多为一年生。根据食用（产品）器官分类法，蔬菜可分为五大类。①根菜类：以肥大的根部为产品的蔬菜，包括肉质根和块根；②茎菜类：以肥大的茎部为产品的蔬菜，包括肉质茎、嫩茎、块茎、根茎、球茎和鳞茎；③叶菜类：以鲜嫩叶片及叶柄为产品的蔬菜，包括普通叶菜、结球叶菜和辛香叶菜；④花菜类：以花器或肥嫩的花枝为产品的蔬菜；⑤果菜类：以果实及种子为产品的蔬菜，包括瓠果、浆果、荚果和杂果类。本书主要针对食用部分位于植株地上部的蔬菜，包括叶菜类、花菜类、果菜类全部蔬菜及茎菜类中地上肉质茎、嫩茎类蔬菜。食用部分位于植株地下部的蔬菜（根菜类及茎菜中的块茎、根茎、球茎、鳞茎类蔬菜）估算逻辑和公式参照薯类，参数另取。本书以四川主推莴笋品种"科兴5号"为基准进行蔬菜特性评价。该品种株高30.8厘米，开展度43厘米，叶数

42 片左右，茎粗 4.5 厘米，净菜率 63% 左右，亩产 1 250 千克左右。定植密度为株行距 30 厘米 × 40 厘米。

产量基准：本书以 2019 年的产量数据为基准，参考部分实测数据进行碳储量的估算。根据国家统计局制定的《农林牧渔业统计报表制度（2020）》对调查方法的定义，蔬菜产量按收获后的新鲜蔬菜可食用部分的质量计算。

二、关键指标

鲜重：①蔬菜地上部鲜重（FA），蔬菜收获时植株地上部分在自然状态下的质量，包括可食用部分鲜重和非食用部分鲜重，单位为万吨。②可食用部分鲜重（FE），蔬菜收获后，可食用部分未经加工、烘干等任何处理的自然状态下的质量，单位为万吨。③非食用部分鲜重（FAN），蔬菜收获后剩下的非食用部分未经加工、烘干等任何处理的自然状态下的质量，单位为万吨。④蔬菜地下部鲜重（FU），蔬菜收获时根系在自然状态下的质量，单位为万吨。

蔬菜（可食用部分）产量（EY）：收获后的新鲜蔬菜可食部分的质量。单位为万吨。

干重：指植物组织除去自由水以后的质量，一般为植物组织经 105℃ 杀青、75℃ 烘干至恒定的质量。单位为万吨。包括植株总干重（TD）、可食用部分干重（DE）、非食用部分干重（DAN）、地上部干重（DA）和地下部（根系）干重（DU）。

单位面积生物量（UD）：植株总干重（TD）与种植面积（PA）之比。单位为吨 / 公顷。

植被碳储量：蔬菜在生长发育过程中将游离的二氧化碳固

定、转化为有机物储存在植株内，植被碳储量即为该过程中植株内碳素的储存量。单位为万吨。收获时模型包括 4 个碳储量相关指标，分别为可食用部分碳储量（CE）、非食用部分碳储量（CAN）、地上部碳储量（CA）、地下部（根系）碳储量（CU）。

蔬菜碳吸收总量（整株碳储量，TC）： 蔬菜在生长过程中将游离的二氧化碳固定、转化为碳素储存在植株体内，碳吸收总量即为整株碳素总储存量。单位为万吨。

碳吸收强度（UC）： 蔬菜收获时，单位面积蔬菜植株的碳固定量。单位为吨/公顷。

碳经济效应（EE）： 生产单位质量蔬菜（可食用部分）固定的碳量。

三、关键系数

经济系数（REA）： 也称收获指数，指经济产量与生物产量的比值。此处经济产量为可食用部分干重，生物产量为蔬菜植株地上部干重。蔬菜的经济系数可取 0.625［根据谢婷等（2021）的研究数据确定］。

含水量： 指蔬菜组织中水分质量占总质量的百分比，以鲜重为基数表示。鲜重指蔬菜收获时，将植株分为地上可食用部分、地上非食用部分、根系 3 个部分，各部分在未经任何加工处理的自然状态下的含水量。其中，新鲜可食用部分含水量（W_1），无实测值时，可取值 90%；新鲜非食用部分含水量（W_2），无实测值时，可取值 90%；新鲜根系含水量（W_3），无实测值时，可取值 75%。

碳含量： 指碳素占蔬菜植株/某组织的质量百分比，用以衡量作物吸收固定二氧化碳的能力。蔬菜可食用部分碳含量（CCE），无实测值时，可取值45%；非食用部分碳含量（CCAN），无实测值时，可取值45%；根系碳含量（CCU），无实测值时，可取值44%。

根冠比（RUA）：蔬菜收获时，地下部与地上部干物重的比值，可取值0.25。

四、模型构建

蔬菜碳吸收模型构建的技术路线图见图15。

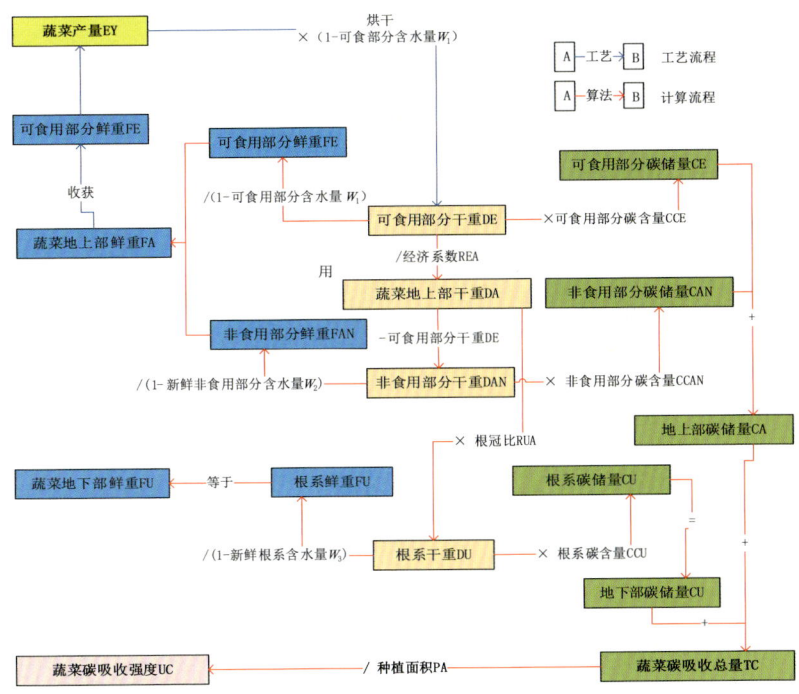

图15　蔬菜碳吸收模型构建技术路线图

（一）蔬菜各组织干重的计算

$$DE=EY \times (1-W_1) \qquad 公式 15-1$$

$$DA=DE \div REA \qquad 公式 15-2$$

$$DAN=DA-DE \qquad 公式 15-3$$

$$DU=DA \times RUA \qquad 公式 15-4$$

$$TD=DA+DU \qquad 公式 15-5$$

$$UD=TD \div PA \qquad 公式 15-6$$

式中，DE 表示蔬菜可食用部分干重；EY 表示蔬菜（可食用部分）产量；W_1 表示蔬菜可食用部分含水量；DA 表示植株地上部干重；REA 表示经济系数；DAN 表示蔬菜非食用部分干重；DU 表示植株地下部干重；RUA 表示植株根冠比；TD 表示植株总干重；UD 表示单位面积生物量；PA 表示蔬菜种植面积。

（二）蔬菜各组织鲜重的计算

$$FE=DE \div (1-W_1) \qquad 公式 15-7$$

$$FAN=DAN \div (1-W_2) \qquad 公式 15-8$$

$$FA=FE+FAN \qquad 公式 15-9$$

$$FU=DU \div (1-W_3) \qquad 公式 15-10$$

式中，FE 表示蔬菜可食用部分鲜重；DE 表示蔬菜可食用部分干重；W_1 表示蔬菜可食用部分含水量；FAN 表示蔬菜非食用部分鲜重；DAN 表示蔬菜非食用部分干重；W_2 表示蔬菜非食用部分含水量；FA 表示蔬菜植株地上部鲜重；FU 表示蔬菜植株地下部（根系）鲜重；DU 表示植株地下部干重；W_3 表示新鲜根系含水量。

（三）蔬菜各组织碳储量的计算

$$CE=DE \times CCE \qquad 公式\ 15\text{--}11$$

$$CAN=DAN \times CCAN \qquad 公式\ 15\text{--}12$$

$$CA=CE+CAN \qquad 公式\ 15\text{--}13$$

$$CU=DU \times CCU \qquad 公式\ 15\text{--}14$$

$$TC=CA+CU \qquad 公式\ 15\text{--}15$$

式中，CE 表示蔬菜可食用部分碳储量；DE 表示蔬菜可食用部分干重；CCE 表示蔬菜可食用部分碳含量；CAN 表示蔬菜非食用部分碳储量；DAN 表示蔬菜非食用部分干重；CCAN 表示蔬菜非食用部分碳含量；CA 表示蔬菜地上部碳储量；CU 表示蔬菜地下部碳储量；DU 表示蔬菜地下部干重；CCU 表示根系碳含量；TC 表示植株碳吸收总量。

（四）碳吸收强度和碳经济效应的计算

$$UC=TC \div PA \qquad 公式\ 15\text{--}16$$

$$EE=TC \div EY \qquad 公式\ 15\text{--}17$$

式中，UC 表示蔬菜植株碳吸收强度；TC 表示蔬菜植株碳吸收总量；PA 表示蔬菜种植面积；EE 表示碳经济效应；EY 表示蔬菜（可食用部分）产量。

五、模型应用

根据碳经济效应（EE）的定义及表 15 的计算模型，蔬菜植株碳储量与产量之间存在特定的数量关系，在没有取得生物量、含水量、碳含量等相关实测数据的情况下，依据该系数可快速评估蔬菜碳吸收能力，由公式 TC=EY × 0.089 6 计算得出。

表 15　蔬菜碳吸收能力计算模型（Excel 公式版）

列号	指标	单位	缩写	计算公式	值
（一）基础数据					
列 A	地区	—	—	—	四川
列 B	年份	—	—	—	2019
列 C	蔬菜（可食用部分）产量	万吨	EY	已知	4 639.126 0
列 D	种植面积	万公顷	PA	已知	141.299 3
（二）参数确定					
列 E	可食用部分含水量	%	W_1	经验值 / 实测数据	90.000 0
列 F	非食用部分含水量	%	W_2	经验值 / 实测数据	90.000 0
列 G	根系含水量	%	W_3	经验值 / 实测数据	75.000 0
列 I	可食用部分碳含量	%	CCE	经验值 / 实测数据	45.000 0
列 J	非食用部分碳含量	%	CCAN	经验值 / 实测数据	45.000 0
列 K	根系碳含量	%	CCU	经验值 / 实测数据	44.000 0
列 L	经济系数	—	REA	经验值 / 实测数据	0.625 0
列 M	根冠比	—	RUA	经验值 / 实测数据	0.250 0
（三）过程计算					
列 N	可食用部分鲜重	万吨	FE	DE ÷（$1-W_1$）	4 639.126 0
列 O	非食用部分鲜重	万吨	FAN	DAN ÷（$1-W_2$）	2 783.475 6
列 P	地上部鲜重	万吨	FA	FE+FAN	7 422.601 6

续表

列号	指标	单位	缩写	计算公式	值
列 Q	地下部鲜重	万吨	FU	$DU \div (1-W_3)$	742.260 2
列 R	可食用部分干重	万吨	DE	$EY \times (1-W_1)$	463.912 6
列 S	非食用部分干重	万吨	DAN	$DA-DE$	278.347 6
列 T	地上部干重	万吨	DA	$DE \div REA$	742.260 2
列 U	地下部干重	万吨	DU	$DA \times RUA$	185.565 0
列 V	可食用部分碳储量	万吨	CE	$DE \times CCE$	208.760 7
列 W	非食用部分碳储量	万吨	CAN	$DAN \times CCAN$	125.256 4
列 X	地上部碳储量	万吨	CA	$CE+CAN$	334.017 1
列 Y	地下部碳储量	万吨	CU	$DU \times CCU$	81.648 6
列 Z	植株总干重	万吨	TD	$DA+DU$	927.825 2
（四）估算结果					
列 AA	碳吸收总量	万吨	TC	$CA+CU$	415.665 7
列 AB	碳吸收强度	吨/公顷	UC	$TC \div PA$	2.941 7
（五）其他参数					
列 AC	单位面积生物量	吨/公顷	UD	$TD \div PA$	6.566 4
列 AD	碳经济效应	—	EE	$TC \div EY$	0.089 6

注：①该表于 Excel 中转置后可用于多区域、多品种、多年份的蔬菜碳储量估算；②该表适用于食用部分位于植株地上部的蔬菜碳储量估算。

第十六章 园林水果碳吸收模型

一、评价基准

品种基准：水果，指可供人类食用的植物果实，包括木本植物如柑橘、苹果等，植物体木质部发达，茎坚硬，多年生，高达 5.5 米以上；多年生草本植物如香蕉、菠萝等，生活期比较长，根一般比较粗壮。按《农林牧渔业统计报表制度（2020）》的定义，水果又分为园林水果和非园林水果（如瓜果类）。本书以四川主推脐橙品种"新世纪"脐橙为基准进行园林水果的特性评价，盛果期亩产 2 000～3 000 千克，果实中大至大，平均单果重 261.3 克，定植株行距（2～3）米 ×（3～4）米。

产量基准：本书以 2019 年的产量数据为基准，参考部分实测数据进行碳储量的估算。根据国家统计局制定的《农林牧渔业统计报表制度（2020）》对调查方法的定义，园林水果产量按收获后的鲜果质量计算，指农业生产经营者日历年度内在专业性果园、林地及零星种植果树（藤）上生产的水果产量。按实收的样果计算产量。经脱水、晾干处理的干果一律折合成鲜果计算。

二、关键指标

　　鲜重： ①果树地上部鲜重（FA），果树收获时植株地上部分在自然状态下的质量，包括水果鲜重和树枝鲜重，单位为万吨。②水果鲜重（FE），果树收获后，鲜果未经加工、晾干等任何处理的自然状态下的质量，单位为万吨。③树枝鲜重（FAN），果树收获后剩下的树枝未经加工、晾干等任何处理的自然状态下的质量，单位为万吨。④果树地下部鲜重（FU），果树收获时根系在自然状态下的质量，单位为万吨。

　　园林水果产量（EY）： 果树收获后的鲜果质量，单位为万吨。

　　干重： 指植物组织除去自由水以后的质量，一般为植物组织经 $105℃$ 杀青、$75℃$ 烘干至恒定的质量。单位为万吨。包括植株总干重（TD）、水果干重（DE）、树枝干重（DAN）、地上部干重（DA）和地下部（根系）干重（DU）。

　　单位面积生物量（UD）： 植株总干重（TD）与种植面积（PA）之比。单位为吨/公顷。

　　植被碳储量： 果树在生长发育过程中将游离的二氧化碳固定、转化为有机物储存在植株内，植被碳储量即为该过程中植株内碳素的储存量。单位为万吨。收获时模型包括 4 个碳储量相关指标，分别为水果碳储量（CE）、树枝碳储量（CAN）、地上部碳储量（CA）、地下部（根系）碳储量（CU）。

果树碳吸收总量（整株碳储量，TC）：果树在生长过程中将游离的二氧化碳固定，转化为碳素储存在植株体内，碳吸收总量即为整株碳素总储存量。单位为万吨。

碳吸收强度（UC）：果树收获时，单位面积果园植株的碳固定量。单位为吨/公顷。

碳经济效应（EE）：生产单位质量园林水果可固定的碳量。

三、关键系数

经济系数（REA）：也称收获指数，指经济产量与生物产量的比值。此处经济产量为水果干重，生物产量为果树植株地上部干重。果树的经济系数可取 0.35〔根据李正之（1988）的研究数据确定〕。

含水量：指果树组织中水分质量占总质量的百分比，以鲜重为基数表示。此处鲜重指果树收获时，将植株分为水果、树枝、根系 3 个部分，各部分在未经任何加工处理的自然状态下的含水量。其中，新鲜水果含水量（W_1），无实测值时，可取值 80%；新鲜树枝含水量（W_2），无实测值时，可取值 80%；新鲜根系含水量（W_3），无实测值时，可取值 65%。

碳含量：指碳素占植株/某组织的质量百分比，用以衡量作物吸收固定二氧化碳的能力。水果碳含量（CCE），无实测值时，可取值 48.45%；树枝碳含量（CCAN），无实测值时，可取值 49.25%；根系碳含量（CCU），无实测值时，可取值 48.31%。

根冠比（RUA）：果树收获时，地下部与地上部干物重的比值，可取值 0.85。

四、模型构建

园林水果碳吸收模型构建的技术路线图见图 16。

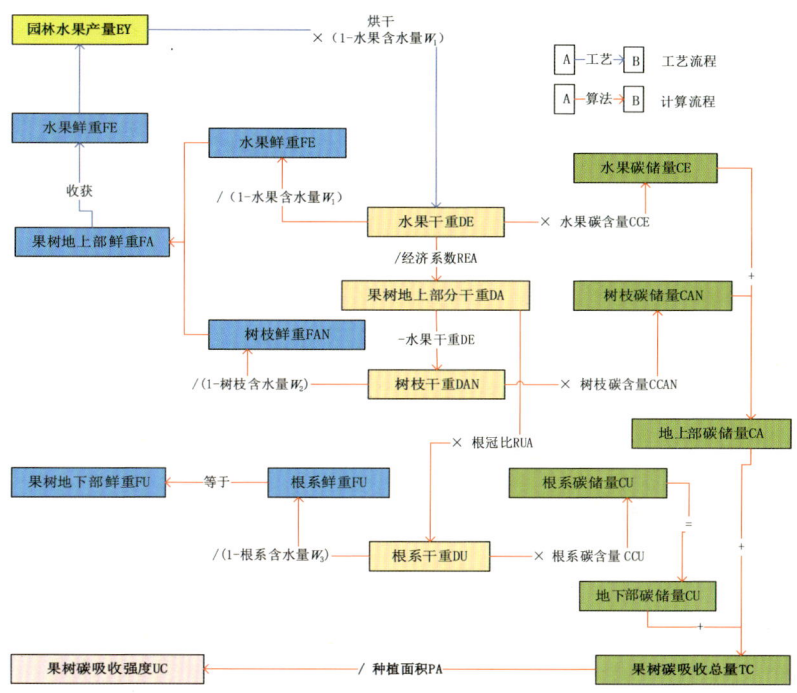

图 16 立法权搜索水果碳吸收模型构建技术路线图

（一）果树各组织干重的计算

$$DE=EY \times (1-W_1) \qquad 公式16-1$$

$$DA=DE \div REA \qquad 公式16-2$$

$$DAN=DA-DE \qquad\qquad 公式\ 16\text{-}3$$

$$DU=DA \times RUA \qquad\qquad 公式\ 16\text{-}4$$

$$TD=DA+DU \qquad\qquad 公式\ 16\text{-}5$$

$$UD=TD \div PA \qquad\qquad 公式\ 16\text{-}6$$

式中，DE 表示水果干重；EY 表示水果产量；W_1 表示水果含水量；DA 表示植株地上部干重；REA 表示经济系数；DAN 表示树枝干重；DU 表示植株地下部干重；RUA 表示植株根冠比；TD 表示植株总干重；UD 表示单位面积生物量；PA 表示果树种植面积。

（二）果树各组织鲜重的计算

$$FE=DE \div （1-W_1） \qquad\qquad 公式\ 16\text{-}7$$

$$FAN=DAN \div （1-W_2） \qquad\qquad 公式\ 16\text{-}8$$

$$FA=FE+FAN \qquad\qquad 公式\ 16\text{-}9$$

$$FU=DU \div （1-W_3） \qquad\qquad 公式\ 16\text{-}10$$

式中，FE 表示水果鲜重；DE 表示水果干重；W_1 表示水果含水量；FAN 表示树枝鲜重；DAN 表示树枝干重；W_2 表示树枝含水量；FA 表示果树植株地上部鲜重；FU 表示果树植株地下部鲜重；DU 表示植株地下部干重；W_3 表示新鲜根系含水量。

（三）果树各组织碳储量的计算

$$CE=DE \times CCE \qquad\qquad 公式\ 16\text{-}11$$

$$CAN=DAN \times CCAN \qquad 公式 16-12$$

$$CA=CE+CAN \qquad 公式 16-13$$

$$CU=DU \times CCU \qquad 公式 16-14$$

$$TC=CA+CU \qquad 公式 16-15$$

式中，CE 表示水果碳储量；DE 表示水果干重；CCE 表示水果碳含量；CAN 表示树枝碳储量；DAN 表示树枝干重；CCAN 表示树枝碳含量；CA 表示果树地上部碳储量；CU 表示果树地下部碳储量；DU 表示果树地下部干重；CCU 表示根系碳含量；TC 表示植株碳吸收总量。

（四）碳吸收强度和碳经济效应的计算

$$UC=TC \div PA \qquad 公式 16-16$$

$$EE=TC \div EY \qquad 公式 16-17$$

式中，UC 表示植株碳吸收强度；TC 表示植株碳吸收总量；PA 表示果树种植面积；EE 表示碳经济效应；EY 表示水果产量。

五、模型应用

根据碳经济效应（EE）的定义及表 16 的计算模型，果树植株碳储量与水果产量之间存在特定的数量关系，在没有取得生物量、含水量、碳含量等相关实测数据的情况下，依据该系数可快速评估果树碳吸收能力，由公式 $TC=EY \times 0.5145$ 计算得出。

表 16 水果碳吸收能力计算模型（Excel 公式版）

列号	指标	单位	缩写	计算公式	值
（一）基础数据					
列 A	地区	—	—	—	四川
列 B	年份	—	—	—	2019
列 C	水果产量	万吨	EY	已知	1 136.696 4
列 D	种植面积	万公顷	PA	已知	77.655 0
（二）参数确定					
列 E	水果含水量	%	W_1	经验值 / 实测数据	80.000 0
列 F	树枝含水量	%	W_2	经验值 / 实测数据	80.000 0
列 G	根系含水量	%	W_3	经验值 / 实测数据	65.000 0
列 I	水果碳含量	%	CCE	经验值 / 实测数据	48.450 0
列 J	树枝碳含量	%	CCAN	经验值 / 实测数据	49.250 0
列 K	根系碳含量	%	CCU	经验值 / 实测数据	48.310 0
列 L	经济系数	—	REA	经验值 / 实测数据	0.350 0
列 M	根冠比	—	RUA	经验值 / 实测数据	0.850 0
（三）过程计算					
列 N	水果鲜重	万吨	FE	DE ÷（1−W_1）	1136.696 4
列 O	树枝鲜重	万吨	FAN	DAN ÷（1−W_2）	2111.007 6
列 P	地上部鲜重	万吨	FA	FE+FAN	3247.704 0
列 Q	地下部鲜重	万吨	FU	DU ÷（1−W_3）	1577.456 2
列 R	水果干重	万吨	DE	EY ×（1−W_1）	227.339 3

续表

列号	指标	单位	缩写	计算公式	值
列 S	树枝干重	万吨	DAN	DA−DE	422.201 5
列 T	地上部干重	万吨	DA	DE ÷ REA	649.540 8
列 U	地下部干重	万吨	DU	DA × RUA	552.109 7
列 V	水果碳储量	万吨	CE	DE × CCE	110.145 9
列 W	树枝碳储量	万吨	CAN	DAN × CCAN	207.934 2
列 X	地上部碳储量	万吨	CA	CE+CAN	318.080 1
列 Y	地下部碳储量	万吨	CU	DU × CCU	266.724 2
列 Z	植株总干重	万吨	TD	DA+DU	1201.650 5
（四）估算结果					
列 AA	碳吸收总量	万吨	TC	CA+CU	584.804 3
列 AB	碳吸收强度	吨/公顷	UC	TC ÷ PA	7.531 3
（五）其他参数					
列 AC	单位面积生物量	吨/公顷	UD	TD ÷ PA	15.475 2
列 AD	碳经济效应	—	EE	TC ÷ EY	0.514 5

注：该表于 Excel 中转置后可用于多区域、多品种、多年份的果树碳储量估算。

主要参考文献

[1] FANG J Y, KATO T, GAO Z D, et al. Evidence for environmentally enhanced forest growth [J]. PNAS, 2014, 111 (26): 9527–9532.

[2] GUO Z D, HU H F, LI P, et al. Spatio–temporal changes in biomass carbon sinks in China's forests from 1977 to 2008 [J]. Science China: life science, 2013, 56 (7): 661–671.

[3] HU H F,WANG S P, GUO Z D, et al. The stage–classified matrix models project a significant increase in biomass carbon stocks in China's forests between 2005 and 2050 [J]. Scientific reports, 2015: 11203.

[4] IPCC. Climate change 2013: The physical scientific basis. Contribution of working group I to the fifth assessment report of the intergovernmental [M]. Cambridge and New York: Cambridge University Press, 2013.

[5] LIU Y C, YU G R, WANG Q F, et al. Carbon carry capacity and carbon sequestration potential in China based on an integrated analysis of mature forest biomass [J]. Science China: life

sciences, 2014, 57（12）：1218–1229.

[6] 陈桂平, 柴强, 牛俊义. 不同禾豆间作复合群体根系的时空分布特征[J]. 西北农业学报, 2007(5)：113–117.

[7] 揣小伟, 黄贤金, 郑泽庆, 等. 江苏省土地利用变化对陆地生态系统碳储量的影响[J]. 资源科学, 2011, 33（10）：1932–1939.

[8] 丛宏斌, 赵立欣, 孟海波, 等. 农作物秸秆多级协同干燥系统设计与试验[J]. 太阳能学报, 2018, 39（1）：163–169.

[9] 单颖, 田路园, 邹雨坤, 等. 调节碳氮比对甘蔗叶还田后土壤无机氮、微生物量氮、水溶性有机碳含量和脲酶活性的影响[J]. 热带作物学报, 2017, 38（11）：2003–2007.

[10] 杜江, 罗珺, 王锐, 等. 粮食主产区种植业碳功能测算与时空变化规律研究[J]. 生态与农村环境报, 2019, 35（10）：1242–1251.

[11] 杜勇利. 玉米-大豆单套作系统土壤温室气体排放规律研究[D]. 成都：四川农业大学, 2018.

[12] 韩琪. 充分利用光能夺取红麻高产[J]. 江苏农业科学, 1986（3）：14–16.

[13] 郝小雨. 黑龙江省30年来农田生态系统碳源/汇强度及碳足迹变化[J]. 黑龙江农业科学, 2021(8)：97–104.

[14] 季波, 何建龙, 王占军, 等. 宁夏天然草地植被碳储量特征及构成[J]. 应用生态学报, 2021, 32（4）：1259–1268.

[15] 李克让. 土地利用变化和温室气体净排放与陆地生态系统碳

循环[M].北京:气象出版社,2002.

[16] 李霞,焦德茂,刘友良.不同水稻品种各层叶片光合能力的比较[J].江苏农业学报,2004(4),213–219.

[17] 李雪,田新会,杜文华.饲草型小黑麦苗期抗旱指标的筛选[J].草业科学,2017,34(3):8.

[18] 李延升.田间条件下成龄茶树树体生物量和养分分布特性及根系生长特性研究[D].成都:四川农业大学,2012.

[19] 李正之.光合作用和果树生产[J].山东农业大学学报,1988(1):69–76.

[20] 刘琦,胡剑锋,周伟,等.四川盆地不同类型水稻品种机插栽培的干物质生产及产量特性分析[J].中国水稻科学,2019,33(1):35–46.

[21] 刘强,罗泽民,荣湘民,等.几个水稻品种碳素代谢特征的比较[J].中国水稻科学,1998,S1(6):29–33.

[22] 刘瑞.长期种植苎麻土壤的固碳效应与机制[D].长沙:湖南师范大学,2020.

[23] 刘胜群,郭金瑞,张卫建,等.种植密度对春玉米茎秆和根系水分状况的影响[J].土壤与作物,2014,3(3):93–98.

[24] 刘贤赵,刘德林.连续亏缺灌溉与根系分区灌溉对苹果幼树根系生长的影响[J].中国生态农业学报,2010,18(6):1199–1205.

[25] 刘瑜,尹飞虎,高志建,等.CO_2浓度和施氮量对棉花干物质

量、有机碳及全氮含量的影响［J］. 河南农业科学, 2015, 44
（11）: 28–33.

［26］陆万芳. 景泰灌区春小麦高产优质栽培技术［J］. 甘肃农业
科技, 2008（2）: 59–60.

［27］罗怀良, 朱波, 陈国阶. 川中丘陵地区主要植被含碳率研
究——以四川省盐亭县为基准［C］//.第九届中国青年土壤科
学工作者学术讨论会暨第四届中国青年植物营养与肥料科学
工作者学术讨论会论文集, 2004: 125–128.

［28］罗怀良. 中国农田作物植被碳储量研究进展［J］. 生态环境学
报, 2014, 23（4）: 692–697.

［29］罗怀良.川中丘陵地区近55年来农田生态系统植被碳储量
动态研究——以四川省盐亭县为基准［J］.自然资源学报,
2009, 24（2）: 251–258.

［30］苗惠田. 长期施肥条件下作物碳含量及分配比例［D］. 杨凌:
西北农林科技大学, 2010.

［31］彭三河, 刘洋. 影响新收带壳花生含水率的参数研究［J］. 长
江大学学报（自然科学版）农学卷, 2009, 6（2）: 75–77, 7.

［32］佘玮, 黄璜, 官春云, 等. 我国主要农作物生产碳汇结构现状
与优化途径［J］. 中国工程科学, 2016, 18（1）: 114–122.

［33］孙宝善, 金兴有. 谈谈"雨养果树"［J］. 新农业, 1991（6）:
22.

［34］唐利华, 樊华, 李阳阳, 等. 甜菜叶片、根系含水量及根系活力

对干旱胁迫的反应[J].新疆农垦科技, 2019, 42(1): 8-10.

[35] 田莉. 施肥对水稻碳积累的影响研究[D].杭州: 浙江大学, 2013.

[36] 王士梅, 朴钟泽, 朱启升, 等. 水稻新品种(系)农艺性状及品质的综合评价分析[J]. 安徽农业科学, 2008, 36(11): 4467-4469.

[37] 王天, 张舒涵, 闫士朋, 等. 干旱胁迫和磷肥用量对马铃薯根系形态及生理特征的影响[J]. 干旱地区农业研究, 2020, 38(1): 117-124.

[38] 王谢, 邓清, 周婧, 等. 基于统计资料的桑园碳汇估算模型的构建——以四川省为例[J].中国农学通报, 2022, 38(2): 31-37.

[39] 王谢,唐甜,张建华,等.桑树新生枝条和叶片中的养分分配格局研究[J].蚕业科学, 2017, 43(3): 6.

[40] 王兴, 薛建福, 王钰乔, 等.我国西部地区种植业碳收支分析[J].中国农业科技导报, 2016, 18(3): 104-111.

[41] 王余龙, 蔡建中,徐永林,等.水稻籽粒受容活性及其控制途径——I.籽粒含水率与受容活性的关系[J].江苏农学院学报, 1990(3): 25-29.

[42] 文伟,谭一凡, 史正军, 等. 深圳市经济林生物量与植被碳储量及其空间分布[J]. 西部林业科学, 2015, 44(3): 90-96.

[43] 谢婷, 张慧, 苗洁, 等. 湖北省农田生态系统温室气体排放特

征与源/汇分析［J］．农业资源与环境学报，2021，38（5）：839–848.

［44］杨萍，邱慧珍，海龙，等．表层土壤调控措施对苹果根系形态及活力的影响［J］．甘肃农业大学学报，2014，49（2）：89–95.

［45］杨荣仲，周会，雷敬超，等．不同甘蔗品种收获指数研究［J］．中国糖料，2019，41（1）：8–12.

［46］杨树勋，李琅，权文彦，等．鲜烟叶含水率对烟叶烘烤变黄和外观及经济性状的影响［J］．作物研究，2018，32（6）：500–503.

［47］叶修祺，荆淑民，王滔，等．大豆的精确成熟期与最佳收获期［J］．山东农业科学，1982（3）：50+12.

［48］于贵瑞，何念鹏，王秋凤．中国生态系统碳收支及碳汇功能——理论基础与综合评估［M］．北京：科学出版社，2013.

［49］张白丁．生物产量经济产量经济系数［J］．河北农业，1999（3）：26.

［50］张宝成，白艳芬，王加真，等．1990—2014年贵州农田生态系统碳汇变化［J］．贵州农业科学，2018，46（4）：148–151.

［51］张翀．油菜籽烘干工艺及旋风烘干机试验研究［D］．长沙：湖南农业大学，2014.

［52］张静鸽，田福平，苗海涛，等.水分胁迫及复水过程4种牧草形态及其生理特征表达［J］.干旱区研究，2020，37（1）：9.

［53］张敏，陈永根，于翠平，等．在茶园生产周期过程中茶树群落

生物量和植被碳储量动态估算[J]. 浙江大学学报(农业与生命科学版), 2013, 39(6): 687-694.

[54]张淑玉. 玉米种子含水量感官鉴定法[J]. 种子科技, 1995 (6): 40.

[55]赵海峰. 品质与成本: 20世纪30年代浙江茶业改良研究[D]. 合肥: 安徽大学, 2020.